주머니 속

메뚜기 도감

김태우님은 한국산 메뚜기목의 분류학적 연구로 성신여자대학교에서 생물학 박사 학위를 받았습니다. 환경부 국립생물자원관의 환경연구사로 근무하며 곤충 연구를 하고 있습니다. 지은 책으로 『놀라운 벌레 세상』『떠나자, 신기한 곤충 세계로』『내가 좋아하는 곤충』 등이 있습니다.

일러두기

1. 아무런 언급이 없는 경우 몸 길이는 머리부터 배 끝까지 길이입니다. 배 끝에 산란관이 길게 나온 종류는 산란관 길이를 따로 표시했으며, 날개가 배 끝보다 긴 종류는 날개를 접었을 때 머리부터 날개 끝까지 길이입니다.
2. 이 책에 명시한 국명은 『국가 생물종 목록 III 곤충』을 따랐으며, 학명은 따로 표기하지 않았습니다.
3. 기본적으로 한국에서 볼 수 있는 모든 메뚜기 종의 암수 어른벌레 사진을 함께 소개하며, 간단한 생태와 이름의 유래를 풀이해 이해를 돕고자 했습니다. 생태 사진이 없이 표본으로 확인한 종류는 제외했습니다.
4. 불완전탈바꿈을 하는 곤충의 애벌레(약충) 시기를 알에서 깨어난 지 얼마 안 된 경우에는 '어린 애벌레', 중간쯤 자란 애벌레는 '반쯤 자란 애벌레', 곧 어른벌레가 될 애벌레의 마지막 단계는 '마지막 애벌레'로 표현했습니다.
5. 이 책에 소개한 메뚜기 무리는 모두 불완전탈바꿈을 하고 씹는 입이 있는 육상 곤충으로, 과거 넓은 의미의 메뚜기에 속합니다. 사마귀는 날카로운 사냥용 앞다리가 있는 점, 귀뚜라미붙이는 날개가 전혀 없는 점, 바퀴는 머리가 앞가슴등판으로 가려지는 점(사회성 흰개미 포함), 대벌레는 나뭇가지를 흉내낸 모습, 집게벌레는 배 끝에 꼬리털(미모)이 변형된 단단한 집게가 있는 점으로 진정한 메뚜기 무리와 구분했습니다.

생태 탐사의 길잡이 12

주머니 속

메뚜기 도감

김태우 글과 사진

황소걸음
Slow&Steady

펴낸날 2019년 9월 30일 초판 1쇄
지은이 김태우
만들어 펴낸이 정우진 강진영 김지영 이주희
꾸민이 Moon&Park(dacida@hanmail.net)
펴낸곳 121-856 서울 마포구 토정로 222 한국출판콘텐츠센터 420호
편집부 (02) 3272-8863
영업부 (02) 3272-8865
팩 스 (02) 717-7725
이메일 bullsbook@hanmail.net / bullsbook@naver.com
등 록 제22-243호(2000년 9월 18일)
ISBN 979-11-86821-41-1 06490

황소걸음
Slow&Steady

• 이 도서의 국립중앙도서관 출판시도서목록(CIP)는 서지정보유통지원시스템 홈페이지(http://seoji.nl.go.kr)와 국가자료공동목록시스템(http://www.nl.go.kr/kolisnet)에서 이용하실 수 있습니다.
(CIP 제어번호 : CIP2019035863)

• 잘못된 책은 바꿔 드립니다. 값은 뒤표지에 있습니다.

우리 곁에 사는 메뚜기를 알아보아요

메뚜기는 우리 주변에서 쉽게 볼 수 있는 곤충입니다. 평소에는 풀숲에 어울리는 녹색이나 갈색으로 위장해 눈에 잘 띄지 않지만, 천천히 걸을 때 펄쩍 뛰어서 달아나는 것은 틀림없이 메뚜기 무리입니다. 풀숲에서 들리는 벌레 소리에 귀 기울이면 그 주인공도 대부분 메뚜기 종류라는 것을 알 수 있습니다. 메뚜기는 생태계에서 소비자와 포식자, 각종 유기물을 분해하는 청소부 역할을 하며, 자신은 새와 같은 고차 소비자의 중요한 먹이가 됩니다. 때문에 자연에서 풍부한 개체 수를 자랑하는 메뚜기가 전체 생태계의 먹이 그물에서 차지하는 비중은 매우 크다고 할 수 있습니다.

육상 곤충 메뚜기는 다양한 환경에서 살 수 있지만, 특히 여러 가지 자연의 구성 요소가 잘 보전된 곳에 많은 종류가 삽니다. 메뚜기는 풀밭에 사는 종류가 가장 많고, 덤불이나 나뭇잎 위에서 생활하는 종류, 바닥에서 주로 사는 종류로 크게 구분할 수 있으며, 여치와 베짱이 대다수는 덤불이나 나무 위에서 살아갑니다. 한편 귀뚜라미 무리는 대부분 땅바닥과 가까운 곳에 숨어 살며, 땅강아지는 땅 속에 굴을 파고 삽니다. 몸이 연한 꼽등이 무리는 습하고 환경 변화가 적은 동굴이나 사람 집에 들어와 살기도 합니다.

이 도감은 우리 나라에서 볼 수 있는 메뚜기를 비롯해 사마귀, 귀뚜라미붙이, 바퀴(흰개미 포함), 대벌레, 집게벌레 등 6목 184종을 다룹니다. 간단한 생태와 비슷한 종류를 구별하는 법, 형태 위주로 설명하지만, 실제로 이 종들의 생태는 대부분 전혀 알려지지 않았습니다. 이 책을 기획한 황소걸음 대표님께 감사드리며, 이를 계기로 곤충 가운데 메뚜기 무리에 관심을 갖는 분이 많아지기 바랍니다.

2019년 가을
김태우

차례

메뚜기란?

정의

소리내는 곤충

메뚜기의 구조

메뚜기의 생활

메뚜기의 일생

메뚜기 관찰

정의

메뚜기는 순 우리말로 '산에서 뛰는 벌레(메+뚜기)'를 뜻하며, 이 이름은 메뚜기가 잘 뛰는 습성을 나타낸다. 곤충 분류학에서 메뚜기 무리를 직시목(直翅目, Orthoptera)이라고 하는데, 이는 다른 곤충에 비해 앞날개가 곧게 뻗은 특징에서 온 말이다.

소리내는 곤충

소리내는 곤충은 대부분 메뚜기 무리에 속한다. 그러나 모든 메뚜기가 소리를 내는 것은 아니며, 몸에 울음소리를 내는 특별한 장치가 있는 메뚜기가 소리를 낸다. 실제로 우리 나라에 사는 메뚜기 가운데 약 25%는 전혀 소리를 내지 않는다.

대표적으로 여치와 귀뚜라미는 앞날개를 비벼서 소리를 낸다. 한쪽 날개 아랫면에 반대쪽 날개 가장자리를 비벼 소리를 내는 마찰 기관이 있다. 이는 빨래판을 칫솔로 비비면 소리가 나는 것과 비슷한 원리다. 한편 메뚜기 종류는 앞날개에 뒷다리를 비벼서 소리를 낸다. 뒷다리 안쪽에 작은 돌기가 있어서, 뒷다리를 빠르게 움직여 앞날개 날개맥(시맥)에 문지르면 소리가 난다.

어리여치는 뒷다리를 배에 문질러 소리를 내는데, 이는 위험에 닥쳤을 때 적을 위협하기 위함이다. 그 외 메뚜기 울음소리는 대부분 짝을 유인하기 위해서다. 소리를 이용한 의사 소통은 앞이 보이지 않는 밤이나, 시력이 약한 곤충이 먼 거리에 떨어져 있을 때 쓸모가 있다.

메뚜기의 구조

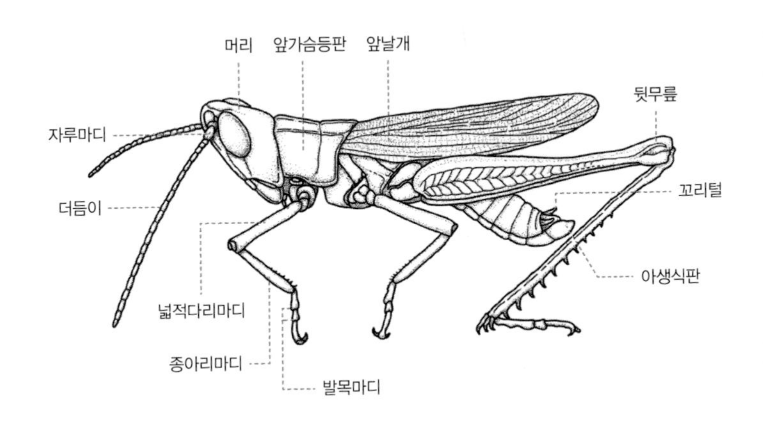
머리
앞가슴등판
앞날개
뒷무릎
자루마디
꼬리털
더듬이
아생식판
넓적다리마디
종아리마디
발목마디

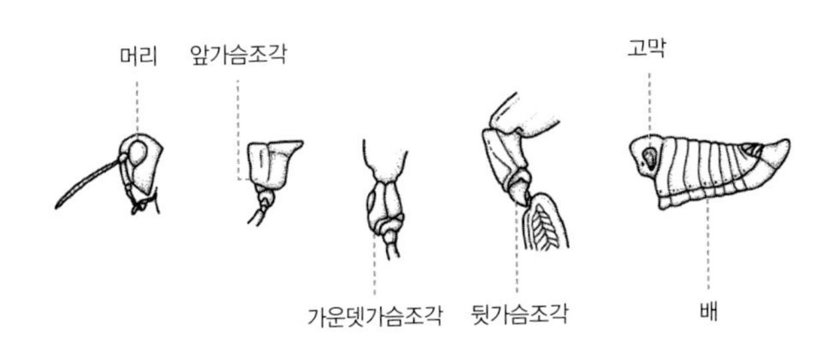
머리
앞가슴조각
고막
가운뎃가슴조각
뒷가슴조각
배

메뚜기의 생활

사는 곳

메뚜기는 땅 속에 굴을 파고 사는 땅강아지부터 나무 위에 올라가 시끄러운 울음소리를 내는 중베짱이까지 다양한 곳에서 생활한다. 보통 땅에 붙어 사는 무리와 풀이나 나무에 붙어 생활하는 무리로 구분할 수 있다. 땅에 사는 종류는 기어오를 필요가 거의 없으므로, 발톱 사이에 욕반(빨판 같은 역할을 하는 운동 기관)이 발달하지 않아 매끄러운 물체에 기어오르지 못한다. 풀이나 나무를 타는 무리는 욕반이 발달해 유리에도 잘 기어오른다.

먹이

메뚜기는 종류에 따라 여러 가지 먹이를 먹지만, 우리 나라에는 사마귀처럼 애벌레 시기부터 완전 육식성인 종은 없다. 실베짱이와 메뚜기는 대표적인 초식성으로, 풀이나 넓은 나뭇잎을 갉아 먹는 것으로 구별할 수 있다. 귀뚜라미와 꼽등이는 잡식성으로, 여러 가지 식물과 식물성 부식물, 죽은 곤충을 먹는다. 여치는 어릴 때 초식을 하지만, 자라면서 육식을 하는 잡식성이다.

겨울나기

온대 지방인 우리 나라에서 메뚜기는 대부분 알로 겨울을 난다. 추워지기 전에 알을 낳은 어른벌레는 추위를 이기지 못하고 죽는 경우가 많은데, 드물게 남부 지방에서 각시메뚜기나 좀매부리, 꼬마여치베짱이처럼 어른벌레로 겨울을 나는 종이 있다. 꼽등이와 어리여치, 일부 귀뚜라미 중에는 애벌레로 겨울을 나는 종도 있다.

짝짓기와 알 낳기

짝짓기와 알 낳기는 여치 무리와 메뚜기 무리가 보이는 두 가지 형태로 구별된다. 보통 메뚜기는 몸집이 작은 수컷이 몸집이 큰 암컷 등에 올라타고 짝짓기를 하는데, 한참 동안 붙어 있기 때문에 관찰하기 쉬운 편이다. 그러나 여치 무리는 울음소리에 이끌려 온 암컷이 수컷의 날개 밑 등 부분을 핥는 동안 수컷의 배에서 정자가 들어 있는 꾸러미가 나와 산란관 아래 붙인다. 금방 끝나기 때문에 여치나 귀뚜라미의 짝짓기는 보기 힘들다.

알을 낳는 방식도 다르다. 메뚜기는 보통 거품을 내어 그 속에 알 수십 개를 동시에 낳고 알집을 만들지만, 여치 무리는 산란관을 이용해 여기저기에 하나씩 알을 낳는다.

메뚜기의 일생

메뚜기는 알–애벌레–어른벌레 과정을 거치며 불완전탈바꿈 하는 대표적인 곤충이다. 번데기 시기가 없기 때문에 애벌레와 어른벌레의 모습, 먹이, 사는 곳이 비슷한 편이다. 알에서 깨어난 애벌레는 먹이를 먹고 자라며, 보통 허물을 다섯 번 정도 벗으면 어른벌레가 된다. 종류와 영양 상태, 암수에 따라 허물 벗는 횟수가 달라지기도 한다.

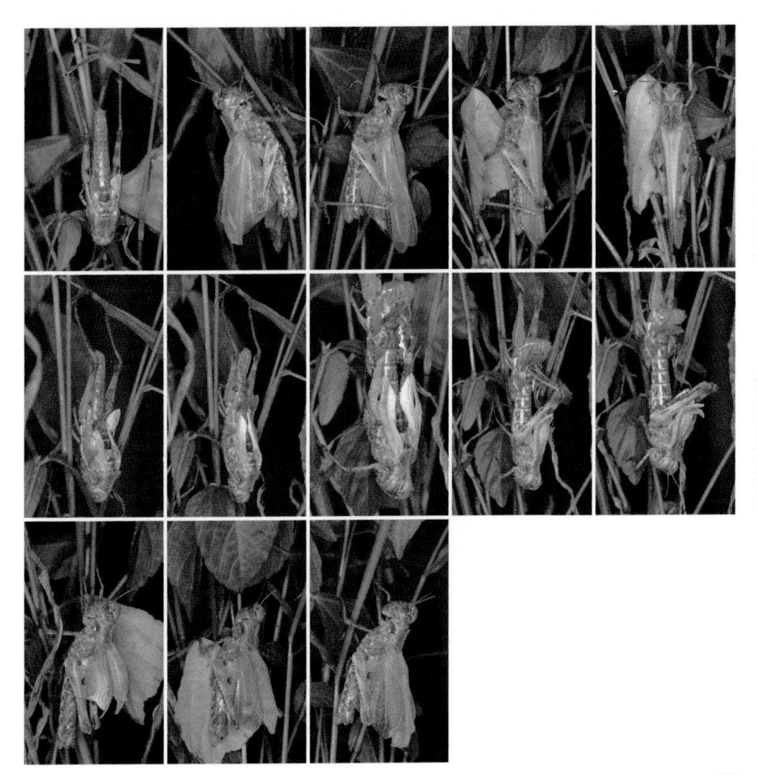

메뚜기 관찰

어떤 곳에 살까?

메뚜기는 굉장히 다양한 공간에서 생활하기 때문에 야외에 나가 관찰할 때 여기저기 살펴야 한다. 먼저 시선을 위, 아래, 평면으로 구분해 다양한 각도로 주위를 살핀다. 풀밭을 발로 툭툭 차면서 걸으면 메뚜기가 뛰어 달아나기 때문에 찾기 쉽다. 귀를 기울여 울음소리가 들리는 곳으로 천천히 다가가면 숨어서 울고 있는 메뚜기를 발견할 수 있다. 물가에는 모메뚜기와 좁쌀메뚜기 등이 살며, 풀밭에는 메뚜기, 돌 밑이나 자갈 틈에는 귀뚜라미, 덤불 속이나 위에는 여치와 베짱이 등이 많다.

메뚜기 관찰에 필요한 준비물

메뚜기를 관찰할 때는 투명하고 넓은 플라스틱 통이 쓸모가 많다. 메뚜기를 가둬 놓고 살펴볼 때도 좋고, 풀에 앉은 메뚜기도 맨손보다 통을 이용해 잡고 뚜껑을 덮으면 쉽다. 날아가는 메뚜기는 포충망으로 잡는다.

손으로 만질 때는 가슴 옆이나 날개 쪽을 잡는 것이 중요하다. 다리를 잡

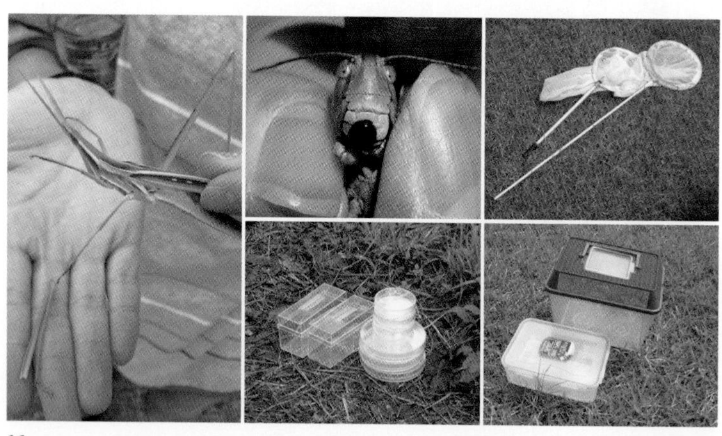

으면 보통 다리를 자르고 도망치기 때문이다. 손으로 움켜쥐면 입에서 시꺼먼 물을 토해 손을 더럽히는 종류도 많다. 이는 메뚜기가 적에게서 달아나기 위한 방법 가운데 하나다. 여치나 중베짱이 종류는 큰턱이 발달해서 잘못 잡으면 매우 아프다. 손에서 피가 날 정도로 깨물 수도 있으니, 머리 부분을 조심해야 한다.

꼭 살펴볼 것

메뚜기를 찾으면 잡아서 가두기 전에 들여다본다. 한참 가만히 있으면 메뚜기는 사람이 옆에 있는 것을 잊는다. 바람이 불거나 메뚜기가 안정을 되찾으면 풀을 갉아 먹는 모습, 날개를 비벼 울음소리를 내는 모습 등 원래 행동을 볼 수 있다. 이렇게 메뚜기가 사람을 두려워하지 않고 자기를 관찰하도록 허락한다면, 그 사람은 분명 자연과 가까워지는 요령을 터득한 사람이다. 메뚜기는 키우기도 쉽다. 원래 살던 곳과 비슷한 환경을 꾸며 주고 기르면 더욱 쉽게 메뚜기의 다양한 모습을 발견할 수 있다.

채집과 표본, 촬영의 중요성과 의미

메뚜기는 나비나 딱정벌레처럼 표본이 예쁘게 만들어지지 않는다. 몸에 물기가 많아 상대적으로 연하고, 죽은 뒤에는 색이 잘 변하기 때문이다. 주위에 습기가 많으면 표본이 썩을 수도 있다.

메뚜기 표본을 잘 만들기는 어렵지만, 우리 나라에 사는 메뚜기는 아직 많이 연구되지 않았으므로 관찰한 메뚜기는 표본으로 남기는 것이 좋다. 다른 곤충과 마찬가지로 죽으면 핀으로 꽂아 말린다. 날개가 긴 메뚜기는 한쪽 날개를 펼쳐서 말리면 뒷날개까지 관찰할 수 있어 좋다. 썩지 않게 하기 위해 알코올 같은 용액에 담아 보관하기도 한다.

요즘은 디지털 카메라가 많이 보급됐으니 일반인에게는 사진 촬영을 권한다. 표본을 만들거나 생태 사진을 찍을 때 가장 중요한 것은 장소와 시간을 정확히 기록하는 일이다.

메뚜기 무리 메뚜기아목

메뚜기 무리는 모두 번데기 과정이 없는 불완전탈바꿈을 하기 때문에 애벌레는 어른벌레처럼 울거나 날지 못하지만, 어른벌레의 모습을 그대로 줄여 놓은 듯 매우 닮았다. 크게 메뚜기아목과 여치아목으로 나뉜다.

메뚜기아목은 더듬이가 굵고, 항상 몸 길이보다 짧다. 고막은 첫째 배마디 양쪽에 있다. 주로 앞날개에 뒷다리를 비벼서 울지만, 울지 못하는 종류가 더 많다. 보통 작은 수컷이 큰 암컷 등에 올라타서 짝짓기 한다. 산란관은 짧고 눈에 잘 띄지 않으며, 알은 거품에 싸서 덩어리로 낳는다.

녹색형 어른벌레(위)
마지막 애벌레(아래)

풀무치

풀에 묻혀 있다고 해서 풀무치다. 녹색형과 갈색형이 있다. 갈색 바탕 앞날개에는 어두운 무늬가 흩어져 있고, 뒷날개는 노란빛을 띤다. 억새나 벼 같은 식물을 갉아 먹는다. 가까운 거리에 동료가 있으면 '크치-크치-크치' 하고 짧게 운다.

메뚜기과 풀무치아과

크기 날개 끝까지 45~85mm
사는 곳 들판, 강변
나타나는 때 6~11월
겨울잠 알

갈색형 암컷(위)
녹색형 수컷(아래)

메뚜기과 풀무치아과

크기 날개 끝까지 28~45mm
사는 곳 들판, 논밭, 강변, 산길
나타나는 때 7~10월
겨울잠 알

팥중이

팥 색깔처럼 칙칙하다. 대부분 갈색이고 녹색으로 얼룩진 것도 있는데, 앞가슴등판에 '><' 무늬가 뚜렷하다. 뒷날개를 펼치면 노란색 바탕에 검은 테두리가 엷게 나타난다. 어디나 매우 흔하다.

녹색형 암컷(위)
갈색형 수컷(아래)

콩중이

녹색형과 갈색형이 있다. 팥중이와 비슷하지만 앞가슴등판이 뚜렷하게 솟았으며, 뒤가 매우 뾰족하다. 앞날개에는 희고 폭이 넓은 무늬가 있고, 뒷날개를 펼치면 노란색과 검은색 테두리가 짙다. 벼과 식물을 먹는다.

메뚜기과 풀무치아과

크기 날개 끝까지 36~58mm
사는 곳 들판, 산지의 풀밭, 무덤 가
나타나는 때 7~10월
겨울잠 알

○암컷(왼쪽)
○색깔이 다른 변이형(오른쪽)

메뚜기과 풀무치아과

크기 날개 끝까지 24~34mm
사는 곳 강변, 논밭, 산길
나타나는 때 7~10월
겨울잠 알

두꺼비메뚜기

땅바닥과 매우 잘 어울리는 흑갈색이며, 앞가슴등판에 작은 혹 같은 돌기가 있어 두꺼비 피부를 닮았다. 햇빛이 잘 비치는 곳을 좋아하고, 어디나 흔하다.

○ 수컷(위)
○ 암컷(아래)

강변메뚜기

메뚜기과 풀무치아과

강변에 살아서 강변메뚜기다. 몸은 푸른빛이 도는 회갈색이고, 뒷날개를 펼치면 푸른빛이 선명하다. 한낮에 뜨거운 강변 자갈밭 사이를 활발하게 날아다니고, 자갈밭에 앉으면 눈에 잘 띄지 않는다.

크기 날개 끝까지 25~40mm
사는 곳 강변의 자갈밭
나타나는 때 6~9월
겨울잠 알

암컷(위)
어린 애벌레(아래)

메뚜기과 풀무치아과

크기 날개 끝까지 28~40mm
사는 곳 산길, 강변
나타나는 때 6~10월
겨울잠 알

홍날개메뚜기

뒷날개를 펼치면 붉은색이 선명하다. 보통 팥중이와 약간 비슷한 갈색이지만, 가끔 녹색이 섞인 얼룩형도 있다. 팥중이에 비해 몸이 짤막하고, 앞날개도 짧다. 중북부 지방에서 드물게 나타난다.

○ 암컷(위)
○ 수컷(아래)

참홍날개메뚜기

메뚜기과 풀무치아과

홍날개메뚜기보다 크고 뚱뚱하며, 회갈색을 띤다. 뒷날개를 펼치면 화려한 붉은색 무늬와 띠 무늬가 드러난다. 앞가슴등판 표면이 우툴두툴하고, 뒷다리 종아리마디는 노란빛을 띤다. 수컷은 날면서 날개를 부딪쳐 '드르르륵' 소리를 낸다.

크기 날개 끝까지 35~45mm
사는 곳 산지의 풀밭
나타나는 때 6~10월
겨울잠 알

○ 수컷(위)
○ 암컷(아래)

메뚜기과 풀무치아과

크기 날개 끝까지 30~35mm
사는 곳 바닷가 모래밭
나타나는 때 7~9월
겨울잠 알

해변메뚜기

바닷가 모래밭에 나타난다. 몸 아래쪽은 밝은 회색, 등 쪽은 옅은 갈색에 복잡한 얼룩무늬가 섞여 있다. 뒷날개를 펼치면 푸르스름한 빛을 띤다. 바닷가에 자라는 통보리사초 같은 풀을 갉아 먹는다.

수컷(위)
암컷(아래)

발톱메뚜기

메뚜기과 풀무치아과

크기 날개 끝까지 14~29mm
사는 곳 해변, 염전, 물가, 습지
나타나는 때 7~10월
겨울잠 알

해변메뚜기와 비슷하지만, 발톱 사이에 욕반이 발달해 발톱메뚜기라고 부른다. 보통 갈색 바탕에 붉은색이나 얼룩무늬 등이 복잡하게 섞여 있다. 청분홍메뚜기와도 비슷하지만 날개 기부(날개와 몸통이 맞닿는 부분)에 선명한 색이 없고, 머리가 둥근 편이다.

○ 수컷(위)
○ 암컷(아래)

메뚜기과 풀무치아과

크기 날개 끝까지 24~36mm
사는 곳 해변, 강변, 논밭
나타나는 때 6~10월
겨울잠 알

청분홍메뚜기

뒷다리 종아리마디에 흰색-검은색-푸른색-붉은색으로 이어지는 아름다운 띠 무늬가 있어서 청분홍메뚜기라고 부른다. 갈색형과 녹색형이 있지만, 보통 여러 가지 색이 화려하게 섞였다. 발톱메뚜기와 사는 곳이 비슷하며, 발톱메뚜기에 비해 머리는 삐죽하고 날개 기부에 선명한 색이 돋보인다.

수컷(위)
암컷(아래)

끝검은메뚜기

앞날개 끝 부분이 검은색이라 끝검은메뚜기다. 보통 수컷은 황색, 암컷은 회색빛을 띠며, 수컷의 날개 끝이 더욱 진하다. 날개 기부에 황백색 부분이 뚜렷하고, 뒷무릎도 검은색을 띤다.

메뚜기과 풀무치아과

크기 날개 끝까지 30~45mm
사는 곳 습지, 물가의 풀밭
나타나는 때 6~9월
겨울잠 알

○ 수컷(위)
○ 암컷(아래)

메뚜기과 풀무치아과

크기 날개 끝까지 35~53mm
사는 곳 남부 지방의 풀밭
나타나는 때 7~9월
겨울잠 알

제주끝검은메뚜기

제주도에 분포하는 끝검은메뚜기로, 육지의 끝검은메뚜기보다 크다. 가운뎃가슴조각(아랫면에서 가운뎃가슴과 뒷가슴이 이어지는 부분)은 폭과 길이가 비슷하다.

수컷(위)
암컷(아래)

벼메뚜기붙이

몸은 황록색이다. 벼메뚜기(우리벼메뚜기, 극동벼메뚜기)와 비슷한 검은 줄무늬가 양쪽으로 있지만 중심을 향해 약간 오목하게 뻗어 있으며, 날개 기부에 황백색 부분이 뚜렷해 구별된다. 수컷은 더듬이가 긴 편이다.

메뚜기과 풀무치아과

크기 날개 끝까지 25~35mm
사는 곳 습지, 물가의 풀밭
나타나는 때 6~8월
겨울잠 알

짝짓기(위)
반쯤 자란 애벌레. 등에 흰 세로줄 무늬가 있다.(아래)

메뚜기과 벼메뚜기아과

크기 날개 끝까지 25~35mm
사는 곳 논밭, 습지, 물가
나타나는 때 7~11월
겨울잠 알

우리벼메뚜기

가을 메뚜기 하면 제일 먼저 떠올리는 대표적인 메뚜기다. 논이나 물가의 벼과 식물에 흔하다. 몸 양쪽에 있는 줄무늬는 녹색이나 황갈색으로, 늦가을이 되면 빨갛게 변하기도 한다.

○ 수컷(왼쪽)
○ 암컷(오른쪽)

극동벼메뚜기

우리벼메뚜기보다 약간 작고, 수컷 생식기 형태가 다르다. 수컷의 꼬리털은 원뿔형으로 끝이 뾰족하다. 높은 산지에 드물게 나타난다.

메뚜기과 벼메뚜기아과

크기 날개 끝까지 17~30mm
사는 곳 높은 산 풀밭
나타나는 때 7~9월
겨울잠 알

○ 짝짓기(위)
○ 마지막 애벌레(아래)

메뚜기과 밑들이메뚜기아과

크기 날개 끝까지 24~40mm
사는 곳 산길, 계곡
나타나는 때 6~11월
겨울잠 알

긴날개밑들이메뚜기

몸은 녹색이며, 적갈색 앞날개가 배 끝보다 길다. 겹눈 뒤에서 앞가슴 양쪽으로 검은 줄무늬가 있어 벼메뚜기(우리벼메뚜기, 극동벼메뚜기)와 약간 비슷하다. 애벌레 시기에 무리짓는 습성이 있다.

수컷(위)
어린 애벌레(가운데)
암컷(아래)

원산밑들이메뚜기

메뚜기과 밑들이메뚜기아과

크기 날개 끝까지 18~36mm
사는 곳 산길, 계곡
나타나는 때 6~10월
겨울잠 알

몸은 녹색으로 긴날개밑들이메뚜기와 매우 비슷하지만, 앞날개가 밝은 녹색이고 배 끝에 이를 정도로 길다. 몸 양쪽의 검은 줄무늬와 앞가슴등판의 가로 주름이 더욱 짙고 선명하다. 긴날개밑들이메뚜기와 같은 곳에서 어울려 생활한다.

○ 짝짓기(위)
○ 어린 애벌레(아래)

메뚜기과 밑들이메뚜기아과

크기 25~35mm
사는 곳 산지의 덤불
나타나는 때 5~10월
겨울잠 알

밑들이메뚜기

한국산 밑들이메뚜기 가운데 가장 흔한 대표종이다. 몸은 선명한 녹색으로 좌우에 검은 줄무늬가 있고, 등에 조그만 빨간색 날개가 있다. 산지의 덤불이나 나뭇잎에서 볼 수 있으며, 중북부 지방에 분포한다.

암컷(위)
수컷(아래)

팔공산밑들이메뚜기

메뚜기과 밑들이메뚜기아과

크기 25~35mm
사는 곳 남부 지방의 덤불
나타나는 때 5~10월
겨울잠 알

대구 팔공산에서 처음 보고된 종이다. 녹색 몸에 작은 빨간색 날개가 있는 특징은 밑들이메뚜기와 같은데, 수컷의 생식기 모양이 다르다. 제주도와 남부 지방에 분포한다.

수컷(위)
암컷(아래)

메뚜기과 밑들이메뚜기아과

크기 24~38mm
사는 곳 제주도 산지의 덤불
나타나는 때 7~9월
겨울잠 알

제주밑들이메뚜기

제주도에서 발견되어 제주밑들이메뚜기라고 부른다. 짙은 녹색 몸에 앞가슴등판이 길고, 적갈색 앞날개도 앞가슴등판만큼 길다.

짝짓기(위)
마지막 애벌레(아래)

참밑들이메뚜기

메뚜기과 밑들이메뚜기아과

크기 18~32mm
사는 곳 산지의 들판
나타나는 때 6~8월
겨울잠 알

밝은 황록색이나 황갈색 몸에 짧고 둥근 갈색 날개가 있다. 뒷무릎이 검고, 뒷다리 종아리마디는 푸른빛을 띤다. 중북부 지방 산지의 덤불 잎이나 줄기에서 드물게 발견된다.

암컷(왼쪽)
수컷(오른쪽)

메뚜기과 밑들이메뚜기아과

크기 20~30mm
사는 곳 높은 산 풀밭
나타나는 때 6~9월
겨울잠 알

고산밑들이메뚜기

높은 산 풀밭에 나타나서 고산밑들이메뚜기라고 부른다. 짙은 녹색 몸에 형광빛이 나며, 짧은 앞날개는 누런색과 검은색 부분으로 나뉜다. 뒷다리 아래쪽은 붉은색이 선명하다.

암컷(중국 옌볜)

© 강의영

북방밑들이메뚜기

메뚜기과 밑들이메뚜기아과

밝은 황갈색이나 어두운 올리브색 몸에 갈색 앞날개가 짧다. 뒷다리에 어두운 가로줄 무늬가 뚜렷하다. 수컷은 꼬리털이 짧은 원뿔형이다. 북한에서 채집된 기록이 있다.

크기 25~37mm
사는 곳 북부 지방 산지
나타나는 때 7~9월
겨울잠 알

ㅇ수컷(위)
ㅇ암컷(아래)

메뚜기과 밑들이메뚜기아과

크기 25~30mm
사는 곳 산지의 덤불
나타나는 때 6~10월
겨울잠 알

한라북방밑들이메뚜기

제주도 한라산에서 처음 보고된 종으로, 전국에 널리 퍼져 산다. 밝은 황갈색 몸에 적갈색 앞날개가 짧고 좁다. 수컷은 꼬리털 끝이 둥글다.

◉ 짝짓기(위)
◉ 어린 애벌레(아래)

잔날개북방밑들이메뚜기

메뚜기과 밑들이메뚜기아과

한라북방밑들이메뚜기와 비슷하지만 색이 더 짙고, 앞가슴등판 양쪽에 튀어나온 부분과 앞날개 가장자리에 이르는 노란색 띠 무늬가 더 선명하다. 수컷은 꼬리털 끝이 뾰족하다.

크기 24~32mm
사는 곳 산지의 덤불
나타나는 때 6~10월
겨울잠 알

짝짓기(위)
마지막 애벌레(아래)

메뚜기과 밑들이메뚜기아과

크기 21~28mm
사는 곳 산지의 덤불
나타나는 때 6~10월
겨울잠 알

한국민날개밑들이메뚜기

어른벌레가 돼도 날개가 전혀 없으며, 우리 나라에 사는 메뚜기다. 보통 몸이 녹색이지만, 드물게 갈색형도 나타난다. 겹눈 뒤에서 가슴, 배에 이르는 몸 양쪽에 줄무늬가 선명하다.

짝짓기(위)
어린 애벌레는 녹색을 띤다.(아래)

각시메뚜기

겹눈 아래 짙은 줄무늬가 있어 각시가 흘리는 눈물 같다고 각시메뚜기다. 몸은 밝은 황색과 적갈색이 섞여 있으며, 보통 등에 밝은 세로줄 무늬가 있다. 성적으로 완전히 발달하면 뒷날개가 붉은빛을 띤다.

메뚜기과 각시메뚜기아과

크기 날개 끝까지 50~70mm
사는 곳 풀밭, 덤불
나타나는 때 1년 내내
겨울잠 어른벌레

○수컷(위)
○어린 애벌레(가운데)
○암컷(아래)

메뚜기과 땅딸보메뚜기아과

크기 13~32mm
사는 곳 건조한 풀밭, 산길
나타나는 때 6~11월
겨울잠 알

땅딸보메뚜기

갈색 몸이 매우 땅딸막하며, 날개는 배 끝을 넘지 않는다. 수컷은 작고 암컷은 커서, 두 배 이상 차이난다. 수컷은 꼬리털이 넓적하고, 뒷다리 종아리마디가 선명한 붉은색이다.

○ 짝짓기(위)
○ 어린 애벌레(아래)

등검은메뚜기

앞가슴등판 양쪽의 선명한 황색 테두리 안쪽이 진한 흑갈색이라 등검은메뚜기다. 몸은 갈색이며, 겹눈에 가는 세로줄 무늬가 있다. 어디나 흔하다.

메뚜기과 등검은메뚜기아과

크기 날개 끝까지 27~50mm
사는 곳 산길, 논밭, 습지
나타나는 때 7~11월
겨울잠 알

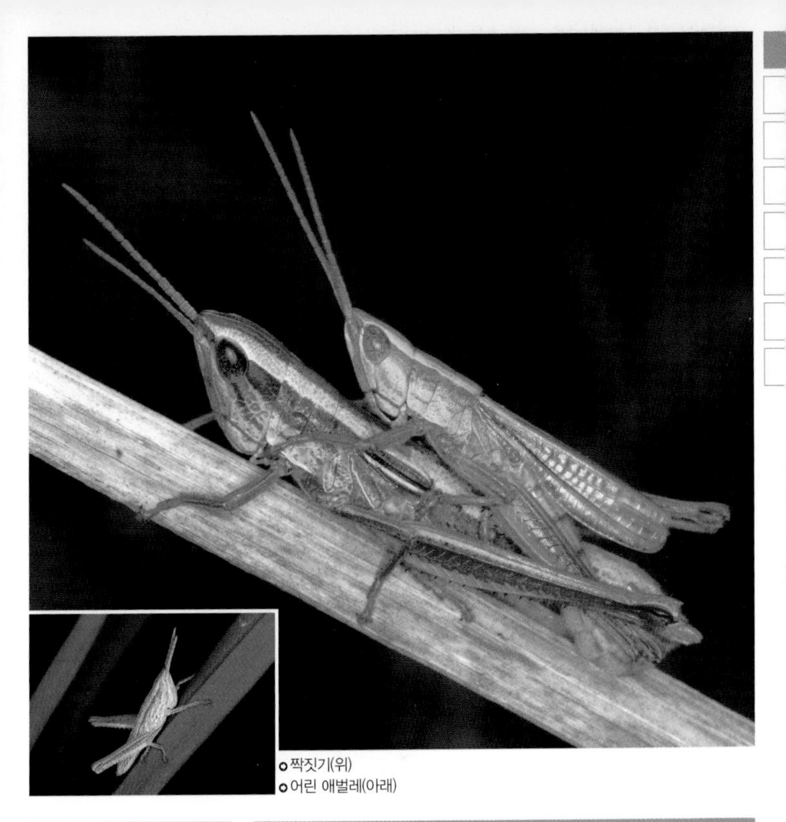

○ 짝짓기(위)
○ 어린 애벌레(아래)

메뚜기과 삽사리아과

크기 20~30mm
사는 곳 풀밭, 덤불, 무덤 가
나타나는 때 5~10월
겨울잠 알

삽사리

한낮 풀밭에서 울음소리를 내는 가장 흔한 메뚜기로, '사사사삽' 하고 우는 소리 때문에 삽사리라 부른다. 보통 수컷은 밝은 녹황색 몸에 날개가 길고, 암컷은 회색 몸에 날개가 짧다. 벼과 식물을 갉아 먹는다.

ㅇ짝짓기

고원삽사리

삽사리와 닮았으나 크기가 작고, 더듬이가 짧다. 가운뎃가슴조각은 폭이 좁고 세로가 길다. 수컷의 배 끝에 등판돌기(마지막 배마디 위에 있는 작은 돌기 한 쌍)가 없다. 삽사리와 달리 수목 한계선 위로 고지대에 서식하며, 나타나는 때도 늦다.

메뚜기과 삽사리아과

크기 17~30mm
사는 곳 높은 산지 풀밭
나타나는 때 7~9월
겨울잠 알

○ 수컷(위)
○ 암컷(아래)

메뚜기과 삽사리아과

크기 15~20mm
사는 곳 높은 산 풀밭
나타나는 때 6~10월
겨울잠 알

검정무릎삽사리

수컷은 황갈색, 암컷은 암갈색이다. 수컷은 앞날개가 배를 절반 이상 덮고 폭이 넓지만, 암컷은 뚱뚱하고 날개가 짧은 비늘 모양이다. 이름처럼 뒷무릎이 검은색을 띤다.

○ 수컷(위)
○ 애벌레(아래)

백두산삽사리

메뚜기과 삽사리아과

검정무릎삽사리와 매우 비슷하지만 수컷의 앞날개 폭이 좁고, 암컷의 산란관 기부(배 쪽 산란관이 시작되는 부분)에 돌기가 없다. 중국 북동부, 러시아, 북한의 백두산 지역에 분포한다.

크기 17~30mm
사는 곳 높은 산 풀밭
나타나는 때 6~10월
겨울잠 알

ⓒ 남기흠

수컷(중국 옌볜)

메뚜기과 삽사리아과

크기 20~23mm
사는 곳 높은 산지 풀밭
나타나는 때 7~9월
겨울잠 알

산삽사리

몸은 갈색이다. 검정무릎삽사리와 매우 비슷하지만, 수컷 앞날개가 폭이 매우 넓은 삼각형이다. 뒷무릎은 검은색이며, 종아리마디는 황색이다. 북한에서 채집된 기록이 있다.

- 수컷(위)
- 암컷(아래)

참어리삽사리

메뚜기과 삽사리아과

몸은 어두운 회색이다. 수컷의 날개가 넓고 끝이 검어서 끝검은메뚜기와 헷갈리기 쉽다. 암컷은 뚱뚱하고, 날개가 짧아 배 끝을 넘지 않는다.

크기 날개 끝까지 30~37mm
사는 곳 산길, 하천, 들판
나타나는 때 5~9월
겨울잠 알

© 안홍균

○암컷(중국 옌벤)

메뚜기과 삽사리아과

크기 배 끝까지 23~44mm
사는 곳 북부 지방 산길
나타나는 때 7~9월
겨울잠 알

잔날개어리삽사리

갈색 몸에 어두운 무늬가 있다. 앞날개에 반점 무늬가 있고, 뒷날개는 투명하다. 앞가슴등판 좌우 융기선(양쪽에 튀어나온 선을 이룬 부분)이 안쪽으로 뚜렷이 굽었다. 앞날개는 짧은 편이며, 뒷무릎을 넘지 않는다. 북한에서 채집된 기록이 있다.

○ 수컷(위)
○ 암컷(아래)

청날개애메뚜기

메뚜기과 삽사리아과

크기 날개 끝까지 23~31mm
사는 곳 산길, 산지의 풀밭
나타나는 때 6~11월
겨울잠 알

성적으로 완전히 발달한 수컷은 녹색 몸에 앞날개가 검고 폭이 넓으며, 암컷은 갈색이라 전혀 다른 종처럼 보인다. 수컷은 한낮에 '시리시리시리' 하며 연속적으로 운다.

수컷(왼쪽)
암컷(오른쪽)

메뚜기과 삽사리아과

크기 날개 끝까지 19~21mm
사는 곳 제주도 한라산
나타나는 때 7~9월
겨울잠 알

제주청날개애메뚜기

청날개애메뚜기와 닮았지만 약간 작다. 수컷은 어두운 녹색이고, 암컷은 녹색형과 갈색형이 있다. 암컷은 날개가 배 끝을 넘지 않는다. 제주도 한라산에 사는 우리 나라 고유종이다.

◦ 수컷(위)
◦ 암컷(아래)

대륙메뚜기

구북구 대륙에 널리 분포해서 대륙메뚜기라고 부른다. 몸은 대체로 회갈색이지만 변이가 많고, 배 끝이 붉은색을 띤다. 극동애메뚜기와 비슷하나 앞날개가 약간 짧고, 앞가두리(앞날개의 가장 앞쪽 가두리)에 튀어나온 부분이 없다. 산지의 풀밭에서 드물게 발견된다.

메뚜기과 삽사리아과

크기 날개 끝까지 16~20mm
사는 곳 산지의 풀밭
나타나는 때 7~9월
겨울잠 알

○ 수컷(위)
○ 암컷(아래)

메뚜기과 삽사리아과

크기 날개 끝까지 17~30mm
사는 곳 산길, 산지의 풀밭
나타나는 때 7~9월
겨울잠 알

극동애메뚜기

몸은 보통 갈색이지만 변이가 많다. 수컷은 뒷다리 종아리마디와 배 끝이 붉은색을 띤다. 암컷은 청날개애메뚜기와 매우 비슷한데 날개가 좁다. 뒷날개는 투명하고, 뒷무릎도 검지 않다.

수컷(위)
암컷(아래)

한라애메뚜기

메뚜기과 삽사리아과

크기 날개 끝까지 16~22mm
사는 곳 제주도 한라산
나타나는 때 7~9월
겨울잠 알

극동애메뚜기와 많이 닮았는데, 크기가 작다. 배 끝과 뒷다리 안쪽은 붉은색을 띠고, 날개 끝 쪽에 흰 반점이 있다. 제주도 한라산에 서식하는 우리 나라 고유종이다.

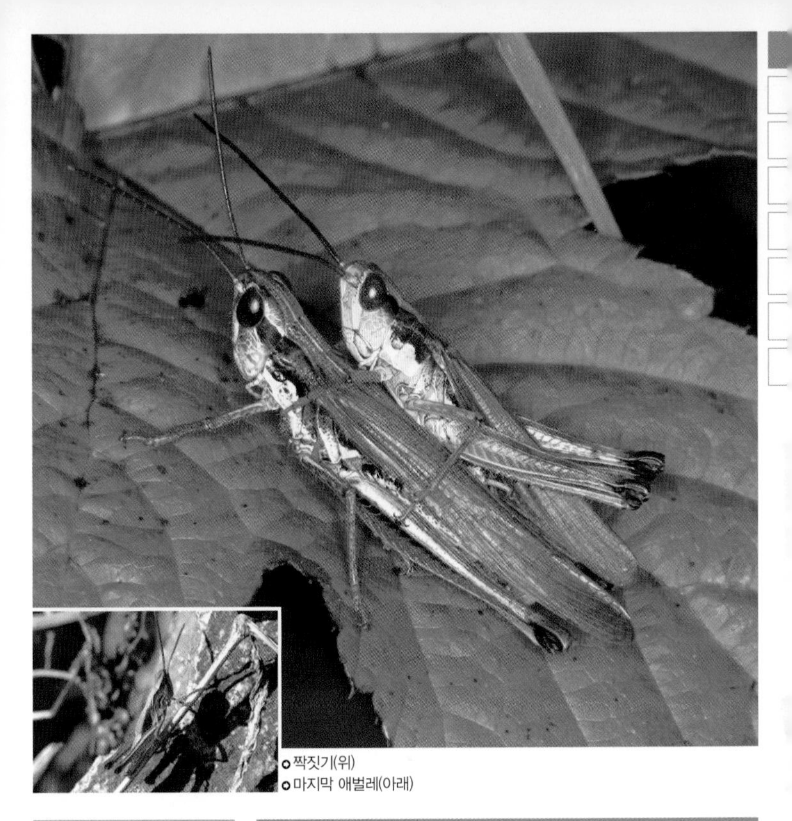

◦ 짝짓기(위)
◦ 마지막 애벌레(아래)

메뚜기과 삽사리아과

크기 날개 끝까지 25~27mm
사는 곳 들판, 물가, 하천 변
나타나는 때 6~9월
겨울잠 알

수염치레애메뚜기

수컷의 더듬이가 특히 길고 검어서 수염치레애메뚜기라고 부른다. 밝은 황갈색 몸에 날개가 배 끝을 넘는다. 물가의 벼과 식물 근처에서 많이 발견된다.

• 수컷(위)
• 암컷(아래)

시베리아애메뚜기

수컷은 보통 옅은 황색으로, 앞날개가 배 끝을 덮을 만큼 길다. 암컷은 갈색형과 녹색형이 있으며, 앞날개 길이는 배의 절반에 이른다. 드물게 장시형(날개가 배 끝보다 긴 형태)이 나타난다. 뒷무릎은 흑색이며, 앞가슴등판의 '〉〈' 무늬는 가로 주름 때문에 중간 부분이 끊긴다.

메뚜기과 삽사리아과

크기 15~21mm
사는 곳 산길, 산지의 풀밭
나타나는 때 6~9월
겨울잠 알

◦ 수컷(위)
◦ 암컷(아래)

메뚜기과 삽사리아과

꼭지메뚜기

크기 13~23mm
사는 곳 풀밭
나타나는 때 8~11월
겨울잠 알

몸은 황갈색이나 회갈색이며, 암컷이 수컷보다 크다. 암수 모두 날개는 배 끝을 넘지 않으며, 날개 끝이 둥글다. 앞가슴등판의 좌우 융기선이 곧으며, 두정돌기(머리에 둥글거나 뿔처럼 솟은 부분)가 넓고 둥글어 꼭지메뚜기라 부른다.

수컷(위)
암컷(아래)

딱따기

방아깨비와 비슷하나 작고 연약하며, 뒷다리가 짧다. 풀에 꼼짝 않고 붙어 위장하고 있으며, 이름과 달리 '따다닥' 소리를 내지는 않는다.

메뚜기과 메뚜기아과

크기 날개 끝까지 34~56mm
사는 곳 풀밭, 산길
나타나는 때 8~10월
겨울잠 알

짝짓기(위)
어린 애벌레(아래)

메뚜기과 메뚜기아과

크기 날개 끝까지 40~80mm
사는 곳 들판, 논밭, 공원
나타나는 때 7~10월
겨울잠 알

방아깨비

예부터 우리 나라에서 뒷다리를 잡고 방아 찧기 시키던 메뚜기로 유명하다. 보통 몸이 녹색이지만 갈색이나 적색, 점이 있는 것 등 다양하다. 수컷은 날 때 앞날개와 뒷날개를 아래위로 부딪쳐 '타타타타' 소리를 낸다.

○ 짝짓기(위)
○ 애벌레(아래)

섬서구메뚜기

머리가 뾰족해 방아깨비나 딱따기와 닮았다. 몸은 대부분 녹색이고, 갈색이나 회색도 있다. 암컷에 비해 상당히 작은 수컷이 암컷의 등에 올라탄 모습이 자주 눈에 띈다.

섬서구메뚜기과

크기 날개 끝까지 25~42mm
사는 곳 논밭, 공원, 풀밭
나타나는 때 7~10월
겨울잠 알

- 짝짓기(위)
- 얼굴(아래)

섬서구메뚜기과

크기 날개 끝까지 26~45mm
사는 곳 남부 지방의 풀밭
나타나는 때 7~11월
겨울잠 알

분홍날개섬서구메뚜기

섬서구메뚜기와 닮았지만, 얼굴이 짧고 뒷날개가 분홍색이다. 녹색형과 갈색형이 있다. 제주도와 남부 지방의 섬에서 관찰된다.

◎ 수컷(위)
◎ 반쯤 자란 애벌레(가운데)
◎ 암컷(아래)

뚱보주름메뚜기

몸은 회갈색이나 암갈색으로, 이름처럼 크고 뚱뚱하다. 날개는 퇴화해서 짧은 비늘 모양이다. 뒷다리는 짧고 튼튼하지만, 몸이 무겁고 동작이 느리다. 최근에 보기 힘들어져 멸종 위기종 2급으로 지정됐다.

주름메뚜기과

크기 28~49mm
사는 곳 산길
나타나는 때 5~9월
겨울잠 알

암컷(위)
무늬 변이(아래)

모메뚜기과

크기 9~13mm
사는 곳 논밭, 물가, 습지
나타나는 때 1년 내내
겨울잠 어른벌레

장삼모메뚜기

승려가 입는 긴 옷을 장삼이라고 하는데, 뒤로 길게 뻗은 앞가슴등판과 날아갈 때 옆으로 넓게 펴지는 뒷날개가 이름과 잘 어울린다. 회갈색 몸빛과 무늬는 변이가 많고, 겹눈은 뚜렷하게 위로 튀어나왔다. 앞가슴등판은 표면이 우툴두툴하다.

○ 암컷(위)
○ 위험이 닥치면 물로 뛰어든다.(아래)

가시모메뚜기

앞가슴등판 양 옆이 가시처럼 뾰족하게 튀어나와 가시모메뚜기다. 몸은 보통 회갈색이나 녹회색이며, 더듬이 기부(머리 쪽 더듬이가 시작되는 부분)와 턱수염은 흰색이다. 물가에 살며, 위급할 때 물로 뛰어들어 잠수하거나 헤엄을 친다.

모메뚜기과

크기 16~21mm
사는 곳 습지, 논밭, 물가
나타나는 때 1년 내내
겨울잠 어른벌레

○암컷(위)
○수컷(아래)

모메뚜기과

크기 10~13mm
사는 곳 습지
나타나는 때 1년 내내
겨울잠 어른벌레

뿔모메뚜기

두정돌기가 삼각뿔처럼 튀어나왔다. 옆에서 보면 뾰족한 두정돌기 때문에 얼굴이 경사진다. 몸은 어두운 회갈색으로 앞가슴등판에 별다른 무늬가 없으며, 더듬이가 짧고 굵은 편이다.

○ 암컷(위)
○ 수컷(아래)

참볼록모메뚜기

옆에서 보면 앞가슴등판이 볼록 튀어나와 참볼록모메뚜기라고 부른다. 비늘 모양 앞날개가 없어 다른 모메뚜기와 구별된다. 몸은 보통 갈색이며, 여러 가지 무늬가 있다. 낙엽 사이에 살며 낙엽을 갉아 먹는다.

모메뚜기과

크기 8~10mm
사는 곳 산지의 낙엽 사이
나타나는 때 1년 내내
겨울잠 애벌레

○ 암컷(위)
○ 장시형(아래)

모메뚜기과

크기 7~11mm
사는 곳 논밭, 들판, 습지, 숲
나타나는 때 1년 내내
겨울잠 애벌레, 어른벌레

모메뚜기

몸이 작고 통통한 마름모꼴이다. 등은 무늬와 색이 다양하다. 앞날개는 작은 비늘 모양이다. 뒷날개가 앞가슴등판을 넘지 않지만, 드물게 장시형이 나타난다. 어디나 흔하며, 낙엽과 이끼, 버섯 등을 먹는다.

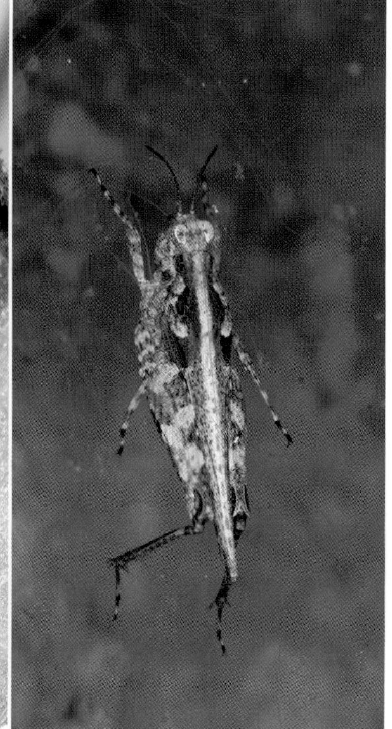

○ 몸이 날씬하고, 앞가슴등판이 길다.(왼쪽)
○ 몸빛이 여러 가지다.(오른쪽)

꼬마모메뚜기

앞가슴등판이 뒤로 길어서 장삼모메뚜기와 비슷하지만, 겹눈이 많이 튀어나오지 않았고, 앞가슴등판이 매끄러운 편이다. 몸빛은 갈색, 회색, 무늬가 있는 것까지 다양하다.

모메뚜기과

크기 6~9mm
사는 곳 물가, 습지, 논밭
나타나는 때 1년 내내
겨울잠 애벌레, 어른벌레

ㅇ수컷(위)
ㅇ암컷(아래)

모메뚜기과

크기 7~9mm
사는 곳 야산
나타나는 때 1년 내내
겨울잠 애벌레,
어른벌레

야산모메뚜기

모메뚜기와 비슷하지만 뒷날개가 배의 절반밖에 안 되며, 두정돌기가 더 튀어나왔다. 몸빛은 보통 갈색인데, 앞가슴등판에 다양한 무늬가 있는 경우도 많다. 야산의 낙엽 쌓인 곳에 살며, 낙엽을 갉아 먹는다.

○ 물가 모래밭이나 진흙땅에 산다.(위)
○ 암컷(아래)

좁쌀메뚜기

좁쌀처럼 매우 작고, 광택이 나는 검은색이다. 몸 크기에 비해 뒷다리가 굵어서 잘 뛴다. 앞다리로 축축한 땅에 굴을 팔 수 있으며, 물에 빠지면 헤엄도 잘 친다. 이끼나 녹조류를 갉아 먹는다.

좁쌀메뚜기과

크기 4~5mm
사는 곳 물가, 습지, 논밭
나타나는 때 1년 내내
겨울잠 어른벌레

메뚜기 무리 여치아목

여치아목은 더듬이가 머리카락처럼 가늘고 길어 몸 길이를 훌쩍 넘는다. 고막은 앞다리 무릎에 있다. 수컷은 보통 앞날개를 비벼서 소리를 내지만, 어떤 종류는 소리내지 않는다. 암컷이 수컷의 등에 올라가 짧은 시간에 짝짓기를 한다. 산란관이 배 끝에서 길게 나와 있으며, 알은 하나씩 낳는다. 여치, 어리여치, 꼽등이, 귀뚜라미 등이 여기에 속한다.

수컷(위)
암컷(아래)

여치

몸은 녹색이나 흑갈색으로, 크고 뚱뚱하다. 앞날개는 보통 배 끝을 넘지 않으며, 녹색 바탕에 검은 점 무늬가 선명하다. 수컷은 주로 대낮에 '찝- 그르르르르르륵' 하고 우렁찬 소리로 운다. 여러 가지 벌레를 잡아 먹는 육식성이다.

여치과 여치아과

크기 33~45mm
산란관 20~23mm
사는 곳 산지의 덤불
나타나는 때 5~10월
겨울잠 알

○ 수컷(위)
○ 암컷(아래)

여치과 여치아과

크기 날개 끝까지 40~55mm 산란관 25~27mm
사는 곳 계곡, 강변, 해변, 논밭 등의 풀밭
나타나는 때 7~10월
겨울잠 알

긴날개여치

여치에 비해 몸이 가늘고 날씬하며, 앞날개가 배 끝을 넘을 정도로 길다. 보통 연한 녹색으로, 날개의 검은 점 무늬는 없거나 흐릿하다. 산란관도 여치보다 가늘고 길다.

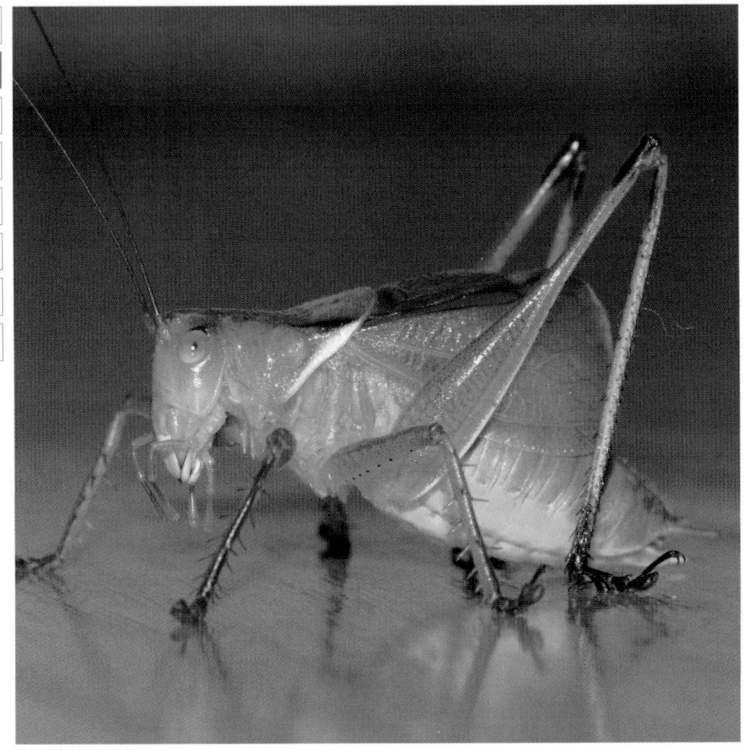

○ 수컷(중국 상하이)

반날개여치

여치과 여치아과

몸은 녹색이며, 두정돌기 폭이 좁다. 수컷은 앞날개가 크고 넓적하며, 배 윗면을 넓게 덮는다. 암컷은 날개가 짧다. 북한에서 채집된 기록이 있다.

크기 날개 끝까지 20~29mm
산란관 20~25mm
사는 곳 산지의 풀밭
나타나는 때 7~9월
겨울잠 알

ⓞ 수컷(위)
ⓞ 암컷(아래)

여치과 여치아과

크기 날개 끝까지
35~42mm
산란관 22~27mm
사는 곳 산지의 덤불,
나무 위
나타나는 때 6~10월
겨울잠 알

중베짱이

몸이 짙은 녹색이며, 앞날개는 뒷무릎 부근에 머물 정도로 길고 넓적하다. 수컷은 주로 밤중에 나무 위나 풀밭에서 계속 운다.

○ 수컷(위)
○ 암컷(아래)

섬중베짱이

중베짱이보다 크고 뚱뚱하다. 앞날개는 짧고 폭이 넓다. 제주도와 남부 지방의 섬에 살며, 밤중에 덤불 위에서 시끄럽게 운다.

여치과 여치아과

크기 날개 끝까지 40~45mm
산란관 32~35mm
사는 곳 남부 지방의 덤불, 나무 위
나타나는 때 7~9월
겨울잠 알

ㅇ수컷(위)
ㅇ암컷(아래)

여치과 여치아과

크기 날개 끝까지
42~56mm
산란관 27~35mm
사는 곳 물가, 계곡의 나무 위
나타나는 때 6~9월
겨울잠 알

긴날개중베짱이

몸은 짙은 녹색이며, 중베짱이보다 크고 날개가 훨씬 길다. 수컷은 계곡의 풀밭이나 나무 위에서 밤에 계속 운다. 육식성으로, 잡으면 손을 물기도 한다.

수컷(위)
암컷 마지막 애벌레(아래)

극동긴날개중베짱이

긴날개중베짱이보다 조금 작고, 날개가 약간 짧다. 중북부 지방의 계곡이나 풀밭에서 생활한다.

여치과 여치아과

크기 배 끝까지 28~37mm 산란관 26~31mm
사는 곳 중북부 지방의 계곡, 풀밭
나타나는 때 6~9월
겨울잠 알

○ 수컷(위)
○ 암컷(아래)

여치과 여치아과

크기 24~30mm
산란관 16~20mm
사는 곳 산지의 풀밭
나타나는 때 7~10월
겨울잠 알

우리여치

몸빛은 갈색과 녹색이 어울려 갈색여치와 비슷하지만, 녹색 부분이 더 많고 크기가 작다. 수컷은 날개가 넓적해서 배를 거의 덮지만, 암컷은 그 절반 정도다.

○ 수컷(위)
○ 암컷(아래)

갈색여치

몸빛은 이름처럼 어두운 갈색이지만, 날개 끝 부분과 뒷다리 아랫면, 배 아랫면이 밝은 녹색을 띤다. 짧은 앞날개가 배를 절반 정도 덮는다. 잡식성이며, 과수원에 무리지어 나타나 피해를 끼치기도 한다.

여치과 여치아과

크기 25~32mm
산란관 26~30mm
사는 곳 산지의 덤불, 산길
나타나는 때 6~10월
겨울잠 알

○ 수컷(위)
○ 애벌레(아래)

여치과 여치아과

크기 27~33mm
산란관 26~30mm
사는 곳 남부 지방의
덤불, 산길
나타나는 때 7~9월
겨울잠 알

팔공여치

대구 팔공산에서 처음 보고된 종이다. 갈색여치와 비슷하지만 조금 더 크다. 수컷은 꼬리털이 갈색여치보다 가늘고 길며, 암컷은 몸빛이 밝은 편이다.

○ 수컷(위)
○ 암컷(아래)

좀날개여치

갈색여치와 비슷하지만 몸 전체가 밝은 갈색이고, 녹색이 없다. 수컷은 앞날개가 짧아 배의 절반에 못 미치며, 암컷은 거의 퇴화해 보이지 않아서 좀날개여치라고 부른다.

여치과 여치아과

크기 25~30mm
산란관 20mm
사는 곳 풀밭, 산지 바닥
나타나는 때 6~10월
겨울잠 알

⭘ 수컷(위)
⭘ 암컷(아래)

여치과 여치아과

크기 18~25mm
산란관 7~9mm
사는 곳 풀밭, 산길
나타나는 때 5~9월
겨울잠 알

잔날개여치

몸빛은 흑갈색이며, 겹눈 뒤와 앞가슴등판 옆 테두리에 흰색 줄무늬가 있다. 앞날개는 짧아서 배의 절반에도 못 미친다. 수컷은 '치릿 치릿 치릿' 하고 연속적으로 울며, 어디나 흔하다.

- 수컷(위)
- 암컷(아래)

애여치

잔날개여치와 비슷하지만 앞날개가 배 끝에 닿을 정도로 길고, 등 쪽은 연한 녹색을 띤다. 갈색형과 장시형도 있다. 수컷은 '히리리리리릭-' 하며 단속적으로 운다.

여치과 여치아과

크기 날개 끝까지 19~25mm 산란관 9~10mm
사는 곳 물가, 하천, 습지
나타나는 때 6~8월
겨울잠 알

○ 수컷(위)
○ 암컷(아래)

여치과 여치아과

크기 17~20mm
산란관 8mm
사는 곳 높은 산 풀밭
나타나는 때 7~9월
겨울잠 알

산여치

높은 산에 나타나 산여치라고 부른다. 몸빛은 흑갈색이며, 겹눈 아래부터 뺨과 입 주변으로 이어지는 띠무늬가 있다. 수컷은 갈색 앞날개가 넓적하게 배를 덮는다.

ㅇ 수컷(위)
ㅇ 암컷(아래)

철써기

녹색형과 갈색형이 있으며, 앞날개가 넓적한 잎사귀 형태로 발달했다. 수컷은 어두워지면 '가차가차가차 가차' 하고 연속적으로 시끄럽게 울어 댄다.

여치과 철써기아과

크기 날개 끝까지 44~60mm 산란관 33mm
사는 곳 남부 지방의 계곡 덤불
나타나는 때 8~10월
겨울잠 알

수컷(위)
마지막 애벌레(가운데)
암컷(아래)

여치과 베짱이아과

크기 날개 끝까지
32~40mm
산란관 14~16mm
사는 곳 풀밭, 산
나타나는 때 7~10월
겨울잠 알

베짱이

수컷이 '쓰익-쩍, 쓰익-쩍' 하고 우는 소리가 베틀에서 베를 짜는 소리와 비슷하다. 몸은 녹색이며, 뒷머리와 앞가슴등판에 짙은 갈색 무늬가 있다. 수컷은 앞날개가 넓적한 잎사귀 모양이지만, 암컷은 앞날개 폭이 좁다. 다리에 있는 날카로운 가시로 다른 곤충을 잡아먹는다.

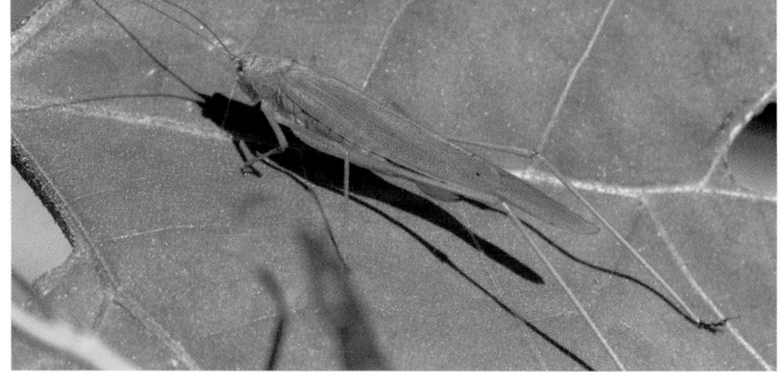

○ 수컷(위)
○ 암컷(아래)

실베짱이

몸은 연한 녹색이며, 약하게 생겼다. 수컷은 '쯥쯔쯔쯔-' 하며 끊어질 듯 약하게 운다. 암컷은 낫 모양 짧은 산란관으로 나무껍질이나 나뭇잎 조직 속에 알을 낳는다. 초식성으로, 꽃가루와 꽃잎을 좋아한다.

여치과 실베짱이아과

크기 날개 끝까지 30~37mm
사는 곳 풀밭, 덤불
나타나는 때 6~11월
겨울잠 알

수컷(위)
암컷(아래)

여치과 실베짱이아과

크기 날개 끝까지 30~35mm
사는 곳 야산의 덤불
나타나는 때 6~11월
겨울잠 알

검은다리실베짱이

실베짱이와 비슷하지만 몸이 짙은 녹색이고, 더듬이와 뒷다리 종아리마디가 검은색이다. 앞날개가 짧고 좁으며, 그물코 모양 날개맥이 복잡하게 얽혀 있다. 꽃을 갉아 먹는다.

○ 수컷(위)
○ 암컷(아래)

큰실베짱이

몸은 녹색이며, 앞날개에 붉은색 칸막이 모양 날개맥이 있다. 더듬이는 검고, 일정한 간격으로 흰 고리 무늬가 있다. 밤에 풀 위에서 짧고 높게 '찝' 하는 소리를 낸다.

여치과 실베짱이아과

크기 날개 끝까지 35~50mm
사는 곳 산지의 풀밭
나타나는 때 7~11월
겨울잠 알

○ 수컷(위)
○ 암컷(아래)

여치과 실베짱이아과

크기 날개 끝까지 35~40mm
사는 곳 산지의 풀밭, 덤불
나타나는 때 7~11월
겨울잠 알

줄베짱이

등 쪽에 수컷은 갈색, 암컷은 흰색 줄이 있어서 줄베짱이다. 녹색형이 대부분이지만, 가끔 갈색형이 나타난다. 수컷 울음소리는 처음에 '쯧 쯧쯧' 느리게 반복하다가 점점 빨라지면서 '찌잇찌잇' 하는 절정 부분을 지나 한 곡조를 이루며 끝난다.

ㅇ수컷(위)
ㅇ암컷(아래)

북방실베짱이

몸은 녹색이다. 수컷은 줄베짱이와 매우 비슷하지만, 날개가 넓다. 암컷은 뚱뚱하고 뒷날개가 짧아 앞날개 밖으로 나오지 않고, 앞날개 끝이 둥글어 배 끝에 머문다.

여치과 실베짱이아과

크기 날개 끝까지 32~38mm
사는 곳 산지의 덤불
나타나는 때 7~10월
겨울잠 알

○ 수컷(위)
○ 암컷(아래)

여치과 실베짱이아과

크기 날개 끝까지 45~58mm
사는 곳 물가, 계곡 주변의 덤불
나타나는 때 7~10월
겨울잠 알

날베짱이

녹색 몸은 식물의 잎사귀를 닮았고, 앞다리 넓적다리 마디는 붉은빛을 띤다. 수컷은 '찟-찟-찟-' 하며 짧게 한 번씩 운다. 날베짱이라는 이름처럼 잘 날아다니며, 밤에는 불빛에 모이기도 한다.

○ 수컷(위)
○ 암컷(아래)

날베짱이붙이

여치과 실베짱이아과

날베짱이와 매우 비슷하며, 잎사귀 모양을 흉내냈다. 몸빛은 녹색이고, 산란관이 자줏빛이다. 수컷은 '찌－찌－찌' 하며 짧게 끊어서 운다.

크기 날개 끝까지 42~60mm
사는 곳 남부 지방의 풀밭, 덤불
나타나는 때 8~10월
겨울잠 알

○ 수컷(위)
○ 암컷(아래)

여치과 실베짱이아과

크기 날개 끝까지 44~48mm
사는 곳 제주도의 풀밭, 덤불
나타나는 때 8~10월
겨울잠 알

검은테베짱이

날베짱이와 비슷하며, 잎사귀를 닮았다. 몸빛은 녹색이고, 앞가슴등판 뒤가두리는 짙은 색으로 테두리가 있는 것처럼 보인다. 밤에 높은 나무 위에서 운다.

○ 수컷(위)
○ 암컷(아래)

함평매부리

함평자연생태공원에서 처음 발견된 매부리다. 두정돌기가 뾰족하고 갈색이다. 뒷머리부터 앞가슴등판까지 짙은 갈색 부분이 있으며, 얼굴에는 녹색 'ㅅ 자형' 무늬가 눈에 띈다. 대나무 숲에서 드물게 발견된다.

여치과 쌕쌔기아과

크기 배 끝까지 24~30mm 산란관 20~23mm
사는 곳 대나무 숲
나타나는 때 7~9월
겨울잠 알

○ 갈색형 수컷(위)
○ 녹색형 암컷(아래)

여치과 쌕쌔기아과

크기 날개 끝까지
40~55mm
산란관 22~27mm
사는 곳 논밭, 습지, 풀밭
나타나는 때 7~11월
겨울잠 알

매부리

얼굴이 기울어져 삐죽한 모습이 매의 부리를 닮았다. 녹색형과 갈색형이 있으며, 앞다리와 가운뎃다리 종아리마디는 흑갈색을 띤다. 식물의 씨앗과 곤충을 먹는 잡식성이고, '지이-' 하며 계속 운다.

○ 수컷(위)
○ 암컷(아래)

애매부리

매부리와 비슷하지만 약간 날씬한 편이고, 두정돌기가 더 좁게 튀어나왔다. 녹색형과 갈색형이 있으며, 다리와 몸빛이 같다.

여치과 쌕쌔기아과

크기 날개 끝까지 35~60mm
산란관 23~37mm
사는 곳 야산의 덤불
나타나는 때 7~10월
겨울잠 알

○수컷(위)
○암컷(아래)

여치과 쌕쌔기아과

크기 날개 끝까지
50~65mm
산란관 30~35mm
사는 곳 풀밭
나타나는 때 7~9월
겨울잠 알

왕매부리

매부리 중에서 가장 크다. 수컷은 앞날개 가장자리에 울음판(울음소리를 내는 마찰판이 있는 부분)이 튀어나왔고, 울음소리는 중베짱이류와 비슷하다. 녹색형과 갈색형이 있다.

ㅇ수컷(위)
ㅇ암컷(아래)

좀매부리

매부리와 비슷하지만, 두정돌기가 원뿔처럼 뾰족하게 튀어나왔다. 녹색형과 갈색형이 있으며, 큰턱 주변은 붉은색이 선명하다. 꼬마여치베짱이와 함께 어른벌레로 겨울을 나며, 수컷은 봄부터 풀숲에서 울기 시작한다.

여치과 쌕쌔기아과

크기 날개 끝까지 57~65mm 산란관 20mm
사는 곳 남부 지방의 논밭, 들판
나타나는 때 1년 내내
겨울잠 어른벌레

○ 수컷(위)
○ 암컷(아래)

여치과 쌕쌔기아과

크기 날개 끝까지 60~74mm 산란관 40~44mm
사는 곳 남부 지방의 풀밭
나타나는 때 8~10월
겨울잠 알

여치베짱이

크고 뚱뚱해서 커다란 매부리처럼 보인다. 베짱이와 비슷하고 몸은 여치처럼 커서 여치베짱이라고 부른다. 녹색형과 갈색형이 있으며, 두정돌기가 짧고 뾰족하다. 앞가슴등판 양쪽 가장자리에 황백색 줄무늬가 있다.

○ 수컷(위)
○ 암컷(아래)

꼬마여치베짱이

여치과 쌕쌔기아과

크기 날개 끝까지 43~50mm 산란관 13~14mm
사는 곳 남부 지방의 풀밭, 덤불
나타나는 때 1년 내내
겨울잠 어른벌레

여치베짱이와 비슷하지만, 작고 통통하다. 몸빛은 어두운 갈색이며, 큰턱 주변과 가운뎃가슴, 뒷가슴 아랫면이 검은색을 띤다. 수컷은 봄에 풀밭이나 나무 위에서 연속적으로 길게 울며, 200m 떨어진 곳에서도 그 소리가 뚜렷이 들린다.

○ 수컷(위)
○ 암컷(아래)

여치과 쌕쌔기아과

크기 날개 끝까지
20~30mm
산란관 7mm
사는 곳 논밭, 습지,
하천 변 풀밭
나타나는 때 6~11월
겨울잠 알

쌕쌔기

몸빛은 연한 녹색으로, 가늘고 길게 생겼다. 두정돌기가 매우 좁고, 산란관은 녹색으로 짧아서 날개 밖으로 나오지 않는다. 풀줄기에 위장해 붙어 있으며, 논밭에 흔하다.

● 수컷(위)
● 암컷(아래)

긴꼬리쌕쌔기

쌕쌔기속 가운데 산란관이 가장 길어 몸 길이와 거의 비슷하다. 등 쪽은 연한 갈색이며, 수컷은 앞날개 가운데가 넓고 끝이 좁다. 벼과 식물의 씨앗을 주로 먹으며, 갈대밭에 흔하다.

여치과 쌕쌔기아과

크기 날개 끝까지 25~32mm
산란관 26~30mm
사는 곳 강변, 들판
나타나는 때 7~11월
겨울잠 알

◦ 수컷(위, 영국 하이드파크)
◦ 암컷(아래, 헝가리 부다페스트)

여치과 쌕쌔기아과

크기 날개 끝까지 15~20mm 산란관 18~20mm
사는 곳 물가 주변 풀밭
나타나는 때 7~9월
겨울잠 알

변색쌕쌔기

몸빛은 녹색, 갈색이 섞인 녹색이다. 긴꼬리쌕쌔기와 매우 닮았으나, 뒷다리 넓적다리마디 아래 가시가 3~6개 있다. 앞날개는 폭이 좁고 길쭉하며, 산란관은 갈색이다. 물가 주변 풀밭에서 생활한다. 북한의 백두산에서 채집된 기록이 있다.

○ 수컷(위)
○ 암컷(아래)

점박이쌕쌔기

여치과 쌕쌔기아과

날개에 검은 반점이 있다. 녹색형과 갈색형, 장시형과 단시형(날개가 배 끝보다 짧은 형태)이 함께 나타난다. 산란관이 뒷다리 넓적다리마디보다 짧다.

크기 날개 끝까지 20~27mm 산란관 7~10mm
사는 곳 논밭, 잔디밭, 풀밭
나타나는 때 6~10월
겨울잠 알

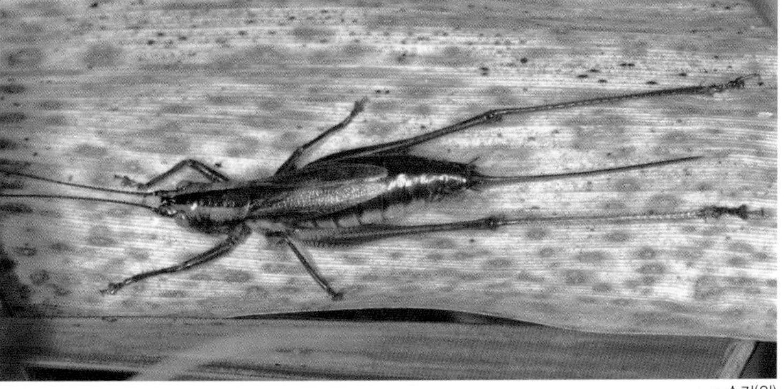

○수컷(위)
○암컷(아래)

여치과 쌕쌔기아과

크기 14~22mm
산란관 15~20mm
사는 곳 논밭, 하천 변
나타나는 때 8~11월
겨울잠 알

좀쌕쌔기

쌕쌔기 중에서 날개가 가장 짧아 배 끝을 넘지 못하고, 뒷다리 넓적다리마디 아래 짧은 가시가 있다. 보통 갈색이지만, 드물게 녹색형과 장시형이 나타난다. 산란관이 뒷다리 넓적다리마디보다 약간 길다.

수컷(왼쪽)
암컷(오른쪽)

대나무쌕쌔기

대나무 숲에 나타나는 쌕쌔기로, 머리가 크고 두껍다. 수컷은 꼬리털 안쪽에 돌기가 두 개 있다. 드물게 장시형이 나타난다. 암컷은 대나무 순을 잘라 그 속에 알을 낳는다.

여치과 쌕쌔기아과

크기 17~18mm
산란관 8~10mm
사는 곳 대나무 숲
나타나는 때 8~10월
겨울잠 알

ㅇ수컷(위)
ㅇ암컷(아래)

여치과 어리쌕쌔기아과

크기 배 끝까지 8~14mm 산란관 6~7mm
사는 곳 남부 지방의 야산
나타나는 때 7~10월
겨울잠 알

민어리쌕쌔기

몸은 창백한 녹색이며, 앞가슴등판이 길다. 수컷은 앞날개가 짧아 앞가슴등판 아래 감춰져 있으며, 배 끝이 검은빛이다. 암컷은 날개가 전혀 보이지 않는다.

○ 수컷(위)
○ 암컷(아래)

어리쌕쌔기

몸은 연한 녹색이며, 겹눈이 튀어나왔다. 앞날개에 흐릿한 반점이 흩어져 있다. 주로 나뭇잎이나 나무껍질에 찰싹 붙어 있으며, 작은 곤충을 잡아먹는다.

여치과 어리쌕쌔기아과

크기 날개 끝까지
22~25mm
산란관 9~10mm
사는 곳 야산
나타나는 때 7~12월
겨울잠 알

• 수컷(위)
• 암컷(아래)

여치과 어리쌕쌔기아과

크기 날개 끝까지
21~24mm
산란관 9~10mm
사는 곳 야산
나타나는 때 7~10월
겨울잠 알

등줄어리쌕쌔기

몸은 연한 녹색이다. 앞가슴등판이 연한 노란빛이며, 양쪽 가장자리에 검은색 가는 띠 무늬가 있다. 풀이나 나무 위를 돌아다니며 작은 곤충을 잡아먹는다.

○ 수컷(위)
○ 암컷(아래)

민어리여치

어리여치와 비슷하지만, 옆은 갈색이고 날개가 없다. 더듬이가 매우 길고, 뒷다리 종아리마디 중간에 긴 가시가 하나 있다. 낮에는 입에서 실을 내어 나뭇잎을 붙이고 그 속에 있다가 밤에 돌아다닌다.

어리여치과

크기 13~18mm
산란관 7~9mm
사는 곳 산지의 덤불
나타나는 때 6~9월
겨울잠 애벌레

수컷(위)
암컷(아래)

어리여치과

크기 25~30mm
산란관 25mm
사는 곳 남부 지방
산지의 덤불
나타나는 때 6~9월
겨울잠 애벌레

어리여치

몸은 황록색이고, 연한 황갈색 날개가 배 끝까지 덮는다. 화가 나면 날개를 펼치고 뒷다리를 배에 문질러 위협하는 소리를 낸다. 육식성이고, 애벌레는 겨울 동안 낙엽을 붙인 방에 들어가 쉰다.

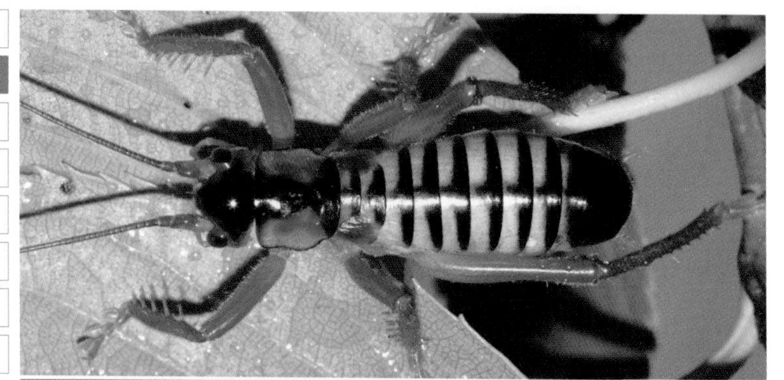

- 수컷(위)
- 암컷(아래)

범어리여치

연한 황색 몸에 다리는 주황빛을 띤다. 배마디에 검은 줄무늬가 있고, 작은 날개는 갈색이다. 산란관이 매우 짧다. 애벌레는 겨울 동안 낙엽을 붙인 방에 들어가 쉰다.

어리여치과

크기 20~25mm
산란관 5mm
사는 곳 전라 남도
여서도의 덤불
나타나는 때 6~8월
겨울잠 애벌레

○수컷(위)
○암컷(아래)

꼽등이과

크기 16~22mm
산란관 8~10mm
사는 곳 높은 산
나타나는 때 6~9월
겨울잠 애벌레

산꼽등이

높은 산 나무껍질 밑에 숨어 산다고 산꼽등이다. 광택이 있는 암갈색 몸에 옅은 반점 무늬가 흩어져 있다. 다른 꼽등이에 비해 다리가 짧고 굵으며, 몸은 원통형이다. 낮에는 거의 움직이지 않고, 밤에 숲 바닥을 돌아다닌다.

• 수컷(위)
• 암컷(아래)

꼽등이

어두운 집 안 구석에 숨어 있다가 밤에 기어 나와 펄쩍펄쩍 뛰어서 사람을 놀라게 한다. 귀뚜라미라고 부르는 사람이 많지만, 날개가 없고 등이 굽어 꼽등이라고 한다. 몸이 진한 갈색이며, 어른벌레는 앞가슴등판에 광택이 있다.

꼽등이과

크기 18~21mm
산란관 10~16mm
사는 곳 집, 야산, 동굴
나타나는 때 5~12월
겨울잠 애벌레

ㅇ수컷(위)
ㅇ암컷(아래)

꼽등이과

크기 13~19mm
산란관 10~14mm
사는 곳 바닷가, 마을
나타나는 때 1년 내내
겨울잠 알, 애벌레, 어른벌레

알락꼽등이

갈색 몸에 얼룩덜룩한 반점이 불규칙하게 흩어져 있다. 두정돌기가 두 조각으로 뾰족하게 나뉘며, 암컷은 아생식판(배 끝 아랫마디)이 'V 자형'으로 파였다. 잡식성이고, 어두운 구석에 숨어 있다가 밤에 활동한다.

- 수컷(위)
- 암컷(아래)

장수꼽등이

몸이 흑갈색이며, 어른벌레는 앞가슴등판이 광택 나는 진한 흑색을 띤다. 겹눈 아래위로 검은 세로줄 무늬가 있고, 무릎이 검다. 애벌레는 연한 갈색 몸에 얼룩 반점이 있어 알락꼽등이와 비슷하다. 밤에 숲 바닥이나 썩은 나무 주변에 많다.

꼽등이과

크기 15~22mm
산란관 12~15mm
사는 곳 산지
나타나는 때 6~10월
겨울잠 애벌레

○ 수컷(위)
○ 암컷(아래)

꼽등이과

크기 15~19mm
산란관 13~17mm
사는 곳 숲, 암벽, 동굴
나타나는 때 5~9월
겨울잠 애벌레

굴꼽등이

동굴에 주로 나타나서 굴꼽등이라고 부른다. 몸은 흐릿한 흑갈색으로 광택이 없으며, 다리는 황갈색이다. 다리와 더듬이가 길고, 뒷다리 종아리마디에 잔가시가 많다.

○ 수컷(위)
○ 정포(정자가 들어 있는 주머니)를 먹는 암컷(아래)

검정꼽등이

몸은 광택이 있는 검은색이고, 다른 꼽등이에 비해 작다. 다리는 밝은 갈색이다. 두정돌기는 둥글고 넓으며, 두드러지게 튀어나오지 않았다.

꼽등이과

크기 10~15mm
산란관 8~10mm
사는 곳 야산, 암벽, 동굴
나타나는 때 6~9월
겨울잠 애벌레

수컷(위)
암컷(아래)

귀뚜라미과 귀뚜라미아과

크기 26~30mm
산란관 14~15mm
사는 곳 인공 사육실
나타나는 때 1년 내내
겨울잠 알, 애벌레,
어른벌레

쌍별귀뚜라미

타이완에서 들여 온 사육종이다. 왕귀뚜라미와 비슷하지만 앞날개 기부 양쪽이 노란빛을 띠며, 울음소리가 매우 시끄럽다. 애완용, 실험용, 사료용으로 사육한다.

○ 수컷(위)
○ 암컷(아래)

각시귀뚜라미

머리가 작고 둥글며, 얼굴은 아랫부분이 흰빛을 띤다. 수컷은 날개 폭이 뒤로 갈수록 넓어져 약간 방추형이다. 암컷은 날개가 매우 짧아 배의 둘째 마디 정도만 덮는다. 울음소리가 크고 선명하다.

귀뚜라미과 귀뚜라미아과

크기 13~16mm
산란관 11~13mm
사는 곳 야산
나타나는 때 7~9월
겨울잠 알

수컷(위)
암컷(아래)

귀뚜라미과 귀뚜라미아과

크기 20~28mm
산란관 20mm
사는 곳 거제도의 야산
나타나는 때 5~7월
겨울잠 애벌레

검은귀뚜라미

몸은 광택이 나는 검은색이다. 꼬리털 기부(꼬리털 시작 부분)와 더듬이 중간이 흰색이다. 암수 모두 날개가 배 끝에 닿는다. 산지의 비탈에 굴을 파고 숨어 살며, 봄에 일찍 울기 시작하는 귀뚜라미다.

ㅇ수컷(위)
ㅇ암컷(아래)

먹귀뚜라미

몸빛은 새까맣고, 머리가 둥글다. 날개가 짧아서 배를 절반 정도 덮는다. 산지의 비탈이나 낙엽이 쌓인 곳에 숨어 있으며, 주로 낮에 운다. 봄에 일찍 울기 시작하는 귀뚜라미다.

귀뚜라미과 귀뚜라미아과

크기 16~18mm
사는 곳 야산
나타나는 때 5~8월
겨울잠 애벌레

수컷(위)
암컷(아래)

귀뚜라미과 귀뚜라미아과

크기 12~19mm
사는 곳 풀밭, 마을
나타나는 때 8~10월
겨울잠 알

곰귀뚜라미

몸은 옅은 갈색, 다리는 밝은 황색이다. 짧은 날개가 배를 절반 정도 덮는다. 머리는 둥글고, 겹눈 사이에 밝은 가로줄 무늬가 없이 모두 까맣다. 건조한 풀밭에 드물게 나타난다.

● 수컷(위)
● 암컷(아래)

루루곰귀뚜라미

귀뚜라미과 귀뚜라미아과

크기 8~11mm
사는 곳 산길
나타나는 때 8~10월
겨울잠 알

몸이 작고 어두운 회색이다. 머리 가운데 황백색 가로줄 무늬가 뚜렷하다. 수컷은 앞날개가 폭이 넓고 배를 모두 덮으며, 낮에 '루루루루' 하고 연속적으로 운다. 산란관은 뒷다리 넓적다리마디보다 짧다.

○ 수컷(위)
○ 암컷(아래)

귀뚜라미과 귀뚜라미아과

크기 15~22mm
사는 곳 풀밭, 마을
나타나는 때 5~10월
겨울잠 애벌레

샴귀뚜라미

몸은 흑갈색이고, 머리 가운데 가로줄 무늬가 뚜렷하다. 알락귀뚜라미와 비슷하지만, 수컷의 머리가 심하게 기울지 않는다. 주로 돌 밑에 작은 방을 만들고 숨어 개구리와 비슷한 소리로 운다.

머리 양 옆이 툭 튀어나온 수컷(위)
암컷(아래)

모대가리귀뚜라미

수컷은 머리가 매우 납작하고, 겹눈 양 옆으로 별나게 튀어나왔다. 더듬이 자루마디(첫째 마디)에 돌기가 없으며, 암컷은 머리가 납작하지 않다. 턱수염은 모두 하얗다. 울음소리가 알락귀뚜라미와 비슷하지만, 매우 청명하고 날카롭다.

귀뚜라미과 귀뚜라미아과

크기 16~21mm
사는 곳 풀밭, 논밭, 공원
나타나는 때 8~11월
겨울잠 알

ㅇ수컷(위)
ㅇ암컷(아래)

귀뚜라미과 귀뚜라미아과

크기 14~20mm
사는 곳 풀밭, 마을
나타나는 때 7~11월
겨울잠 알

알락귀뚜라미

몸은 흑갈색이고, 머리가 앞가슴보다 넓적하다. 수컷은 머리가 많이 기울었으나, 모대가리귀뚜라미처럼 튀어나오지는 않았다. 더듬이 자루마디 바깥쪽이 뿔처럼 튀어나왔다. '끼리릭 – 끼리릭 –' 하며 운다.

○ 수컷(위)
○ 암컷(아래)

큰알락귀뚜라미

귀뚜라미과 귀뚜라미아과

알락귀뚜라미보다 커서 모대가리귀뚜라미와 비슷하지만, 더듬이 자루마디에 뿔이 없고 머리도 심하게 튀어나오지 않았다. 수컷 앞날개의 그물맥과 암컷의 산란관이 길다.

크기 17~20mm
산란관 13~14mm
사는 곳 풀밭, 마을
나타나는 때 8~9월
겨울잠 알

○ 수컷(위)
○ 암컷(아래)
○ 금방 날개돋이를 마친 암컷(오른쪽)

귀뚜라미과 귀뚜라미아과

크기 12~18mm
사는 곳 야산
나타나는 때 7~11월
겨울잠 알

야산알락귀뚜라미

알락귀뚜라미와 매우 비슷한데, 수컷은 앞날개 윗면이 좁고 길어 끝이 뾰족한 점이 다르다. 암컷은 알락귀뚜라미와 구별되지 않는다. '기익– 기익–' 하며 천천히 운다.

짝짓기(위)
등에 흰색 가로줄 무늬가 있는 애벌레(아래)

왕귀뚜라미

가을에 '키리－ 릴리리리' 하며 우는 가장 대표적인 귀뚜라미다. 흑갈색 몸이 크고, 머리는 둥글다. 겹눈 위쪽으로 황백색 띠 무늬가 눈썹처럼 연결된다.

귀뚜라미과 귀뚜라미아과

크기 26~40mm
사는 곳 논밭, 들판, 공원
나타나는 때 7~11월
겨울잠 알

짝짓기(위)
애벌레(아래)

귀뚜라미과 귀뚜라미아과

크기 20~30mm
사는 곳 갯벌, 산지
나타나는 때 8~10월
겨울잠 알

새왕귀뚜라미

왕귀뚜라미와 매우 비슷하지만, 겹눈 위쪽에 있는 황백색 띠 무늬가 매우 짧고 끊어진다. 검은색 몸에 넓적다리 안쪽은 붉은빛을 띤다. 중북부 지방에 드물게 나타난다.

○ 수컷(위)
○ 암컷(아래)

탈귀뚜라미

귀뚜라미과 귀뚜라미아과

수컷은 머리가 크고 볼록하며, 큰턱이 길어 탈을 뒤집어쓴 모양이다. 산란관이 극동귀뚜라미보다 짧다. 남부 지방에 드물게 나타난다.

크기 15~22mm
사는 곳 남부 지방의 풀밭, 마을
나타나는 때 8~10월
겨울잠 알

○ 수컷(위)
○ 암컷(아래)

귀뚜라미과 귀뚜라미아과

크기 13~15mm
사는 곳 바닷가
나타나는 때 8~10월
겨울잠 알

황해귀뚜라미

극동귀뚜라미와 닮았으나, 암수 모두 앞날개가 짧다. 중서부 지역 바닷가 근처 진흙 바닥에 드물게 나타나며, 머리가 밝은 색을 띠는 황색형과 흑색형이 있다.

○ 수컷(위)
○ 암컷(아래)

극동귀뚜라미

가을에 '귀뚤귀뚤' 하고 우는 대표적인 귀뚜라미다. 몸은 흑갈색이다. 머리가 둥글고, 이마에 황백색 'ㅅ' 무늬가 뚜렷하다. 산란관은 뒷다리 넓적다리마디보다 길다. 마을이나 공원 어디서나 볼 수 있다.

귀뚜라미과 귀뚜라미아과

크기 13~22mm
사는 곳 풀밭, 야산, 마을
나타나는 때 8~11월
겨울잠 알

○ 수컷(위)
○ 암컷(아래)

귀뚜라미과 귀뚜라미아과

크기 15~18mm
사는 곳 야산, 풀밭
나타나는 때 5~8월
겨울잠 애벌레

봄여름귀뚜라미

극동귀뚜라미와 매우 비슷하지만, 이마의 '∧' 무늬는 흔적만 있어 머리가 거의 검은색이다. 산란관은 뒷다리 넓적다리마디와 비슷하다. 애벌레로 겨울을 나고, 늦봄부터 초여름 사이 어른벌레가 되어 울기 시작해서 봄여름귀뚜라미라고 부른다.

● 수컷(위)
● 암컷(아래)

뚱보귀뚜라미

밝은 황갈색 몸이 크고 뚱뚱해서 뚱보귀뚜라미라고 부른다. 머리는 크고 둥글다. 앞날개가 짧아 배를 절반 이상 덮지 못하며, 날개 끝이 수컷은 끊어진 모양, 암컷은 삼각형으로 파인 모양이다.

귀뚜라미과 뚱보귀뚜라미아과

크기 25~30mm
사는 곳 제주도의 나무껍질 구멍, 바위 틈
나타나는 때 1년 내내
겨울잠 애벌레, 어른벌레

• 수컷(위)
• 암컷(아래)

귀뚜라미과 곰방울벌레아과

크기 8~11mm
사는 곳 남부 지방의 풀밭
나타나는 때 8~10월
겨울잠 알

곰방울벌레

몸은 광택이 있는 검은색이며, 앞가슴등판에 점각(점을 찍은 듯 움푹 파인 질감)이 발달했다. 더듬이 중간 부분이 흰색을 띠며, 무릎부터 종아리마디 아래쪽은 연한 적갈색이다. 밤에 '히리히리히리' 하며 높은 소리로 운다.

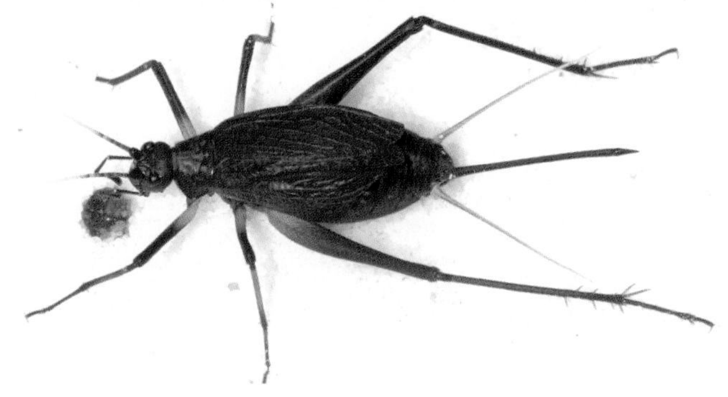

○ 수컷(위)
○ 암컷(아래)

방울벌레

은쟁반에 옥구슬이 굴러가듯 '링-링-' 하고 듣기 좋은 소리로 울어서 방울벌레라고 부른다. 검은색 몸에 흰 더듬이가 눈에 띈다. 다리가 가늘고 약해서 잘 뛰지 못한다. 수컷은 날개에 울음판이 크게 발달했고, 암컷은 날개가 좁고 길다.

귀뚜라미과 방울벌레아과

크기 17~25mm
사는 곳 풀밭, 덤불 숲
나타나는 때 8~10월
겨울잠 알

○ 수컷(위)
○ 암컷(아래)

귀뚜라미과 알락방울벌레아과

크기 7~9mm
사는 곳 바닷가 방파제, 암석
나타나는 때 8~10월
겨울잠 알

바다방울벌레

알락방울벌레 무리로, 특이하게 바닷가에만 산다. 무늬바다방울벌레와 비슷하지만, 흐린 회갈색 몸에 뚜렷한 무늬가 없다. 낮에는 바닷가 바위 틈에 숨어 있다가 밤에 나타난다. 위험이 닥치면 바닷물에 뛰어들어 헤엄치고, 5분 이상 잠수하기도 한다.

● 수컷(위)
● 죽은 게를 먹는 암컷(아래)

무늬바다방울벌레

몸은 어두운 회색이며, 배와 다리에 밝은 색을 띠는 부분이 많다. 날개가 없고, 귀뚜라미 무리에 속하지만 울거나 소리를 듣지 못한다. 밤에 바위 틈에서 기어 나와 죽은 게나 생선을 먹는다.

귀뚜라미과 알락방울벌레아과

크기 9~10mm
사는 곳 바닷가 방파제, 항구
나타나는 때 8~10월
겨울잠 알

○ 수컷(위)
○ 암컷(아래)

귀뚜라미과 알락방울벌레아과

크기 6~8mm
사는 곳 풀밭, 논밭, 공원
나타나는 때 6~11월
겨울잠 알

알락방울벌레

몸이 흑백 무늬로 얼룩덜룩하며, 뒷다리 넓적다리마디 바깥쪽에 검은띠 무늬 세 개가 뚜렷하다. 작은턱수염마디(작은턱에 붙어 있는 짧은 수염마디)는 흰색이며, 끝이 검다. 잔디밭이나 논밭 등 어디나 흔하다.

○ 수컷(위)
○ 암컷(아래)

여울알락방울벌레

알락방울벌레와 비슷하지만 작은턱수염마디가 모두 흰색이고, 앞날개 기부에 흰빛이 뚜렷하다. 주로 물이 마른 계곡이나 석회암 지대에 나타난다.

귀뚜라미과 알락방울벌레아과

크기 8~10mm
사는 곳 물이 마른 계곡, 석회암 지대
나타나는 때 8~10월
겨울잠 알

수컷(위)
암컷(아래)

귀뚜라미과 알락방울벌레아과

크기 8~10mm
사는 곳 바닷가, 강변의 모래땅
나타나는 때 7~10월
겨울잠 알

모래방울벌레

이름처럼 모래와 잘 어울리는 보호색을 띠며, 바닷가나 강가의 모래땅에 산다. 바닷가 식물의 뿌리 틈에 알을 낳는다.

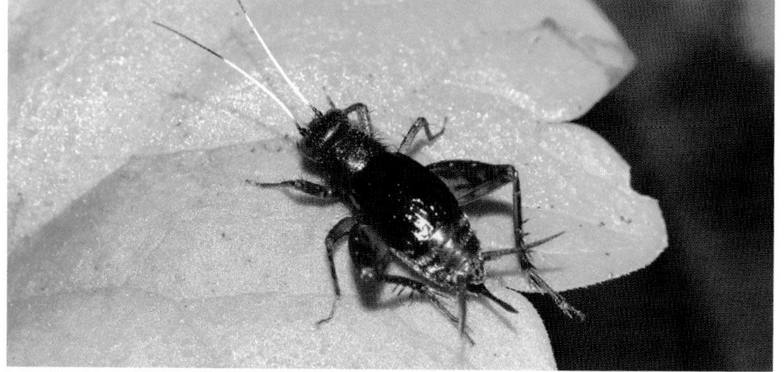

수컷(위)
암컷(아래)

흰수염방울벌레

귀뚜라미과 알락방울벌레아과

몸은 윤기 나는 검은색이며, 더듬이 기부 절반이 흰색을 띤다. 주로 그늘 진 야산의 낙엽 사이에 숨어 살고, 뚜렷하게 높은 소리로 운다.

크기 6~8mm
사는 곳 풀밭, 야산
나타나는 때 8~11월
겨울잠 알

○ 수컷(위)
○ 암컷(아래)

귀뚜라미과 알락방울벌레아과

크기 6~8mm
사는 곳 풀밭, 공원
나타나는 때 7~10월
겨울잠 알

좀방울벌레

회갈색 몸은 양쪽 옆면이 검은색이다. 앞날개에 어두운 얼룩무늬가 있고, 뒷다리 종아리마다 윗면의 가시는 중간 부분이 검다. '지-이' 하고 연속적으로 길게 운다.

○ 수컷(위)
○ 암컷(아래)

북방울벌레

귀뚜라미과 알락방울벌레이과

연한 갈색 몸에 광택이 있다. 수컷은 뒷다리 종아리 마디 끝 안쪽의 가시가 매우 굵다. 어른벌레는 여름에 나타나며, '쓰—으 쓰—으' 하고 낮은 소리로 운다.

크기 7~9mm
사는 곳 논밭, 습지, 풀밭
나타나는 때 7~9월
겨울잠 알

수컷(위)
암컷(아래)

귀뚜라미과 알락방울벌레아과

크기 7~8mm
사는 곳 논밭, 습지, 풀밭
나타나는 때 7~10월
겨울잠 알

담색방울벌레

연한 갈색 몸에 광택이 있다. 겉모습으로 북방울벌레와 구별하기 어려우며, 수컷은 생식기가 매끈하다.

○ 암컷(위)
○ 수컷(아래)

습지방울벌레

기뚜라미과 알락방울벌레아과

크기 7~10mm
사는 곳 논밭, 습지, 풀밭
나타나는 때 5~7월
겨울잠 애벌레

북방울벌레와 비슷한데 몸이 광택 있는 검은색이며, 봄에 먼저 나타나 울기 시작한다. 축축한 풀밭에서 '기이－기이－' 하고 낮은 소리로 운다.

○ 수컷(위)
○ 암컷(아래)

귀뚜라미과 풀종다리아과

크기 5~6mm
사는 곳 야산 풀밭
나타나는 때 5~7월
겨울잠 애벌레

먹종다리

몸은 광택이 나는 검은색이다. 다리는 연한 갈색, 겹눈은 붉은색이다. 수컷은 앞날개가 검은색이지만, 암컷은 반투명한 검은빛이다. 귀뚜라미 종류인데 울거나 소리를 듣지 못한다.

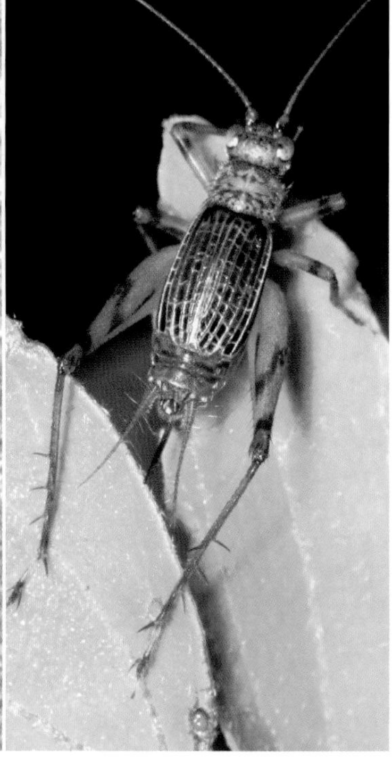

ㅇ수컷(왼쪽)
ㅇ암컷(오른쪽)

풀종다리

몸은 밝은 회색이다. 울음판이 발달했으며, 날개맥은 뚜렷한 흰색이다. 뒷다리 넓적다리마다 바깥쪽에 검은색 줄무늬가 두 개 있다. 산지의 관목 가지 사이와 나뭇잎 위를 기어다니며, 밤낮으로 활발하게 운다.

귀뚜라미과 풀종다리아과

크기 7~8mm
사는 곳 산지의 덤불
나타나는 때 7~11월
겨울잠 알

○ 수컷(위)
○ 암컷(아래)

귀뚜라미과 풀종다리아과

크기 5~7mm
사는 곳 제주도 산지의 풀밭, 덤불
나타나는 때 7~10월
겨울잠 알

홍가슴종다리

어두운 청회색 몸에 가슴은 붉은빛을 띤다. 수컷은 앞날개에 울음판이 발달해 듣기 좋은 소리로 울며, 암컷의 앞날개는 반투명한 붉은색이다. 덤불 줄기나 나뭇가지를 타고 기어다닌다.

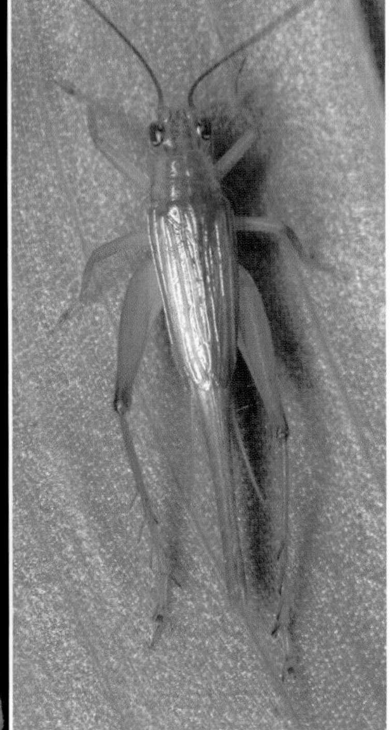

ㅇ수컷(왼쪽)
ㅇ암컷(오른쪽)

새금빛종다리

몸은 연한 금빛이다. 울음판이 발달했고, 산란관은 위로 굽었다. 울음소리가 독특하며, 남부 지방에서 봄에 일찍 우는 귀뚜라미다.

귀뚜라미과 풀종다리아과

크기 5~7mm
사는 곳 남부 지방의 물가 풀밭
나타나는 때 1년 내내
겨울잠 애벌레, 어른벌레

ㅇ수컷(위)
ㅇ암컷(아래)

귀뚜라미과 홀쭉귀뚜라미아과

크기 9~12mm
사는 곳 야산 풀밭, 무덤 가
나타나는 때 8~10월
겨울잠 알

홀쭉귀뚜라미

몸은 연한 황색이며, 앞날개가 짧아서 배를 절반 정도 덮는다. 귀뚜라미 종류지만 울거나 소리를 듣지 못한다. 산란관은 'S 자형'으로 부드럽게 굽었다. 건조한 풀밭의 참억새 등에 붙어 산다.

ㅇ수컷(위)
ㅇ암컷(아래)

솔귀뚜라미

귀뚜라미과 솔귀뚜라미아과

크기 18~38mm
사는 곳 바닷가, 강변의 풀밭
나타나는 때 8~10월
겨울잠 알

소나무가 많은 바닷가 풀밭에 주로 살아서 솔귀뚜라미라고 부른다. 연한 갈색 몸이 넓적하다. 수컷은 울음판이 발달했고, 밤중에 '찡찡 찌리링– 찡찡 찌리링–' 하고 운다.

○ 수컷(왼쪽)
○ 암컷(오른쪽)

귀뚜라미과 청솔귀뚜라미아과

크기 23~28mm
사는 곳 나무 위
나타나는 때 8~10월
겨울잠 알

청솔귀뚜라미

몸은 귀뚜라미 무리에서 보기 드문 녹색으로, 나뭇잎을 닮았다. 수컷은 울음판이 발달했으며, 밤중에 나무 위에서 고운 소리로 운다. 뒷날개가 발달해 불빛에 날아오기도 한다.

암컷과 수컷(위)
애벌레(아래)

긴꼬리

귀뚜라미과 긴꼬리아과

연한 흰색 몸에 배 아랫면은 흑색이며, 앞날개는 거의 투명하다. 울음판이 발달했다. 산란관이 흑갈색이며, 식물의 줄기를 뚫고 그 속에 알을 낳는다.

크기 날개 끝까지 14~20mm
사는 곳 산지의 덤불, 풀밭
나타나는 때 8~10월
겨울잠 알

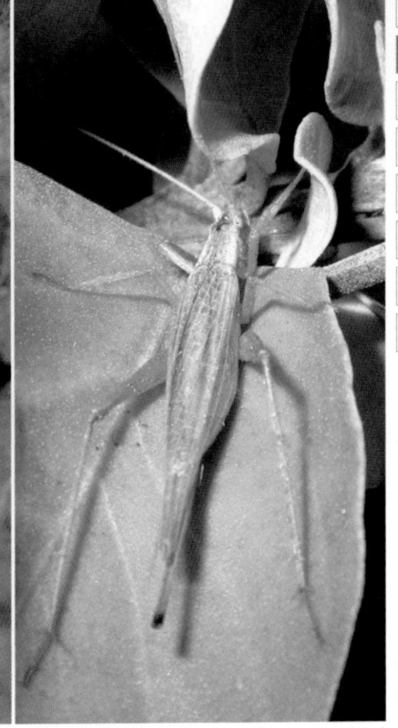

○ 수컷(왼쪽)
○ 암컷(오른쪽)

귀뚜라미과 긴꼬리아과

크기 날개 끝까지 14~20mm
사는 곳 바닷가의 덤불, 풀밭
나타나는 때 7~9월
겨울잠 알

폭날개긴꼬리

몸은 밝은 연두색이며, 드물게 갈색도 있다. 긴꼬리와 매우 비슷하지만, 배 아랫면이 몸과 같은 색이다. 주로 바닷가 풀밭에서 생활한다. 울음소리도 긴꼬리와 전혀 다르고, 박자가 느리다.

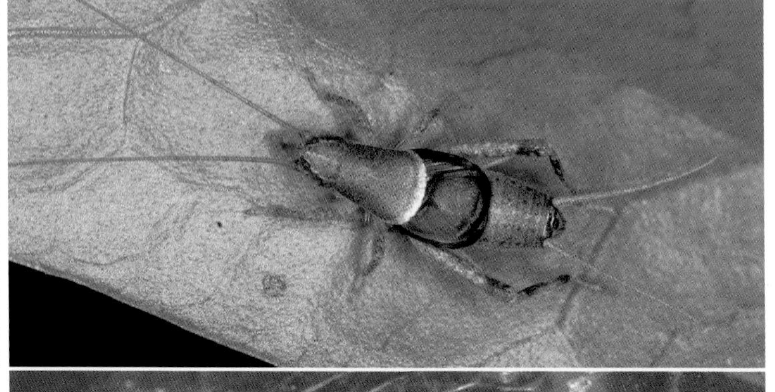

수컷(위)
암컷(아래)

털귀뚜라미

털귀뚜라미과

몸은 연한 회색이다. 수컷은 적갈색 앞날개가 매우 짧아 배를 절반 이상 덮지 못하고, 암컷은 날개가 없다. 덤불 줄기나 식물 잎사귀 위에서 생활하며, 나뭇가지 속에 알을 낳는다.

크기 10~18mm
사는 곳 덤불, 나무 위
나타나는 때 8~11월
겨울잠 알

○ 수컷(위)
○ 암컷(아래)

털귀뚜라미과

크기 9~13mm
사는 곳 바닷가 덤불
나타나는 때 8~10월
겨울잠 알

점날개털귀뚜라미

수컷은 앞날개가 짧고 오렌지색이며, 끝에 점 무늬가 있다. 암컷은 날개가 없다. 덤불 줄기나 식물 잎사귀 사이에서 생활하며, 제주도 바닷가와 섬에서 드물게 발견된다.

- 수컷(위)
- 암컷(아래)

숨은날개털귀뚜라미

몸은 어두운 회색이고, 연한 비늘이 가루처럼 덮였다. 털귀뚜라미에 비해 수컷의 앞가슴등판이 길어 앞날개가 보이지 않으며, 다리에는 얼룩무늬가 있다. 수컷은 배를 물체에 두드려 약한 진동 소리를 낸다.

털귀뚜라미과

크기 6~11mm
사는 곳 제주도의 풀밭, 덤불
나타나는 때 8~10월
겨울잠 알

○ 수컷(위)
○ 개미와 같이 사는 암컷(아래)

개미집귀뚜라미과

크기 2~4mm
사는 곳 개미집
나타나는 때 1년 내내
겨울잠 알

개미집귀뚜라미

둥근 타원형 몸이 어두운 갈색이다. 이름처럼 항상 개미집에서 개미와 함께 발견된다. 날개는 없지만 뒷다리가 발달해 개미에게 붙잡히지 않고 돌아다닌다. 개미 몸을 핥거나 개미집 속의 먹이를 훔쳐 먹고 산다.

ㅇ암컷(위)
ㅇ애벌레는 날개가 짧고 약하다.(아래)

땅강아지

몸이 보드라운 갈색 털로 덮였으며, 앞다리는 삽 모양이다. 보통 땅을 파고 굴 속에서 생활하지만, 뒷날개가 발달해 불빛에 날아들기도 한다. 풀뿌리나 죽은 곤충을 먹는 잡식성이며, 암컷은 땅 속에 특별한 방을 만들어 애벌레가 태어날 때까지 돌본다.

땅강아지과

크기 30~35mm
사는 곳 논밭, 습지, 들판
나타나는 때 1년 내내
겨울잠 애벌레, 어른벌레

사마귀 무리

사마귀는 몸이 커서 눈에 잘 띄고, 여름부터 가을까지 주변에서 흔히 만날 수 있는 곤충이다. 자유롭게 움직이는 머리와 먹이를 움켜잡는 앞다리 생김새가 가장 큰 특징이다. 모든 사마귀는 육식성으로, 자기보다 작은 곤충이나 때로는 같은 종류를 잡아먹기도 한다. 먹이를 사냥할 때가 아니면 주위와 잘 어울리도록 위장하고, 많이 움직이지 않는다. 위험한 상황이 벌어지면 몸을 뻣뻣하게 만들어 죽은 척하거나, 반대로 몸을 번쩍 일으켜 세우고 날개를 펼쳐 위협적인 행동을 한다. 배가 부른 암컷은 가을 무렵 거품에 싸인 알집을 바위 아래나 나뭇가지, 나무껍질 등에 붙여 놓는다. 우리 나라에서는 흔히 '버마재비', '오줌싸개' 등으로 부르기도 한다.

- 앞다리 안쪽에 주황색 점이 있다.(위)
- 수컷(왼쪽)
- 주로 가는 나뭇가지에 알집을 붙인다.(오른쪽)

사마귀

녹색형과 갈색형이 있다. 왕사마귀에 비해 가늘고 날씬하며, 앞다리 안쪽에 진한 주황색 점이 있다. 뒷날개에 짙은 무늬가 없고, 옅은 갈색 반점이 약하게 흩어져 있다. 알집은 약간 길고 두꺼운 편이다.

사마귀과

크기 65~90mm
사는 곳 풀밭, 덤불
나타나는 때 8~10월
겨울잠 알

● 짝짓기(위)
● 앞다리 안쪽에 밝은 노란색 점이 있다.(왼쪽)
● 알집이 크고 볼록하다.(오른쪽)

사마귀과

크기 70~95mm
사는 곳 들판, 덤불
나타나는 때 8~10월
겨울잠 알

왕사마귀

녹색형과 갈색형이 있다. 사마귀에 비해 굵고 강하며, 앞다리 안쪽에 밝은 노란색 점이 있다. 뒷날개에 보라색과 갈색이 어우러진 무늬가 뚜렷하다. 알집은 크고 볼록하며, 아랫면이 약간 오목하게 들어갔다.

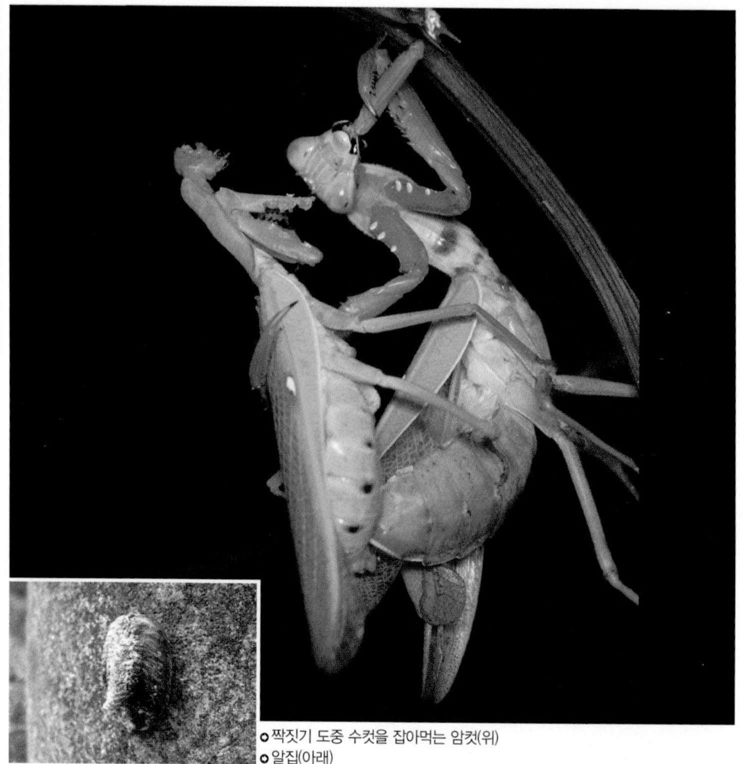

◦ 짝짓기 도중 수컷을 잡아먹는 암컷(위)
◦ 알집(아래)

넓적배사마귀

다른 사마귀에 비해 이름처럼 배가 크고 넓적하다. 보통 녹색이며, 드물게 갈색도 나타난다. 앞다리 위에 황백색 돌기가 있으며, 앞날개 가장자리에는 흰색 점무늬가 있다. 알집은 크고 볼록하며, 거품이 적은 편이다.

사마귀과

크기 45~75mm
사는 곳 덤불, 나무 위
나타나는 때 8~10월
겨울잠 알

수컷(왼쪽)
알집(가운데)
박각시를 사냥한 갈색형 암컷(오른쪽)

사마귀과

크기 50~65mm
사는 곳 풀밭, 무덤 가
나타나는 때 8~10월
겨울잠 알

항라사마귀

옅은 녹색이나 갈색이다. 항라는 모시와 함께 여름 옷감으로 적당하며, 날개가 투명하고 연해서 붙은 이름이다. 앞날개는 전체적으로 연한 흰빛을 띠고, 뒷날개는 투명하다. 앞다리 안쪽에 검은색과 누런색이 어우러진 눈알 모양 무늬가 있다.

갈색형 수컷과 녹색형 암컷의 짝짓기(위)
알집(아래)

좀사마귀

보통 회갈색이며, 드물게 녹색형이 나타난다. 앞다리 안쪽과 앞가슴복판(앞가슴등판 반대쪽 아랫면 복판)에 흰색과 검보라색이 어우러진 띠 무늬가 있다. 뒷날개는 검보라색이다. 선명한 황백색 알집이 가늘고 길다.

사마귀과

크기 40~58mm
사는 곳 숲, 들판, 덤불
나타나는 때 8~10월
겨울잠 알

ㅇ수컷(왼쪽)
ㅇ알집(가운데)
ㅇ암컷(오른쪽)

사마귀과

크기 13~20mm
사는 곳 남부 지방의 숲
나타나는 때 8~11월
겨울잠 알

좁쌀사마귀

어두운 갈색 몸에 얼룩무늬가 있다. 날개가 매우 짧아서 작은 비늘 모양이다. 낙엽을 닮은 보호색으로 그늘 진 숲 바닥을 돌아다닌다. 알집은 바위나 나무 껍질 등에 붙이며, 실 모양으로 길게 늘어진 돌기가 있다.

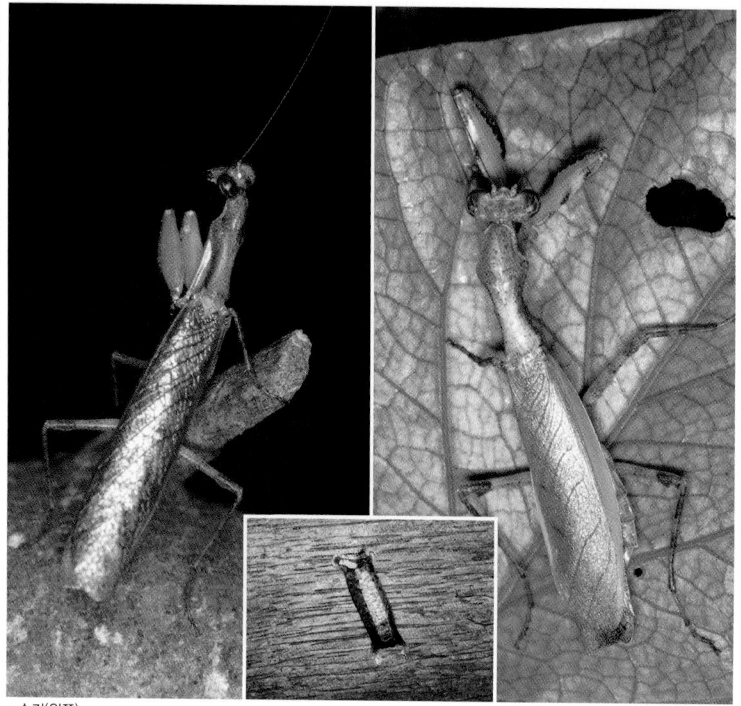

○ 수컷(왼쪽)
○ 알집(가운데)
○ 암컷(오른쪽)

애기사마귀

연한 갈색 몸에 흐릿한 무늬가 있다. 날개가 길어서 잘 날아다닌다. 가운뎃다리와 뒷다리 넓적다리마디에 작은 돌기가 있다. 머리는 가로 너비가 세로 너비보다 길고, 앞가슴등판은 짧고 잘록하다. 사다리꼴 알집은 모서리에 돌기가 있으며, 주로 바위 밑에 붙인다.

애기사마귀과

크기 25~36mm
사는 곳 남부 지방의 숲
나타나는 때 8~10월
겨울잠 알

귀뚜라미붙이 무리

‘갈로아벌레(갈르와벌레)’라고도 부르며, 귀뚜라미보다 바퀴에 가까운 곤충이다. 몸은 가늘고 납작하며, 창백한 흰색이나 누런색을 띤다. 날개가 없고, 겹눈도 작거나 없다. 배 끝에 긴 꼬리털이 있으며, 산란관이 발달했다. 숲의 습한 바닥, 썩은 나무 밑, 낙엽과 돌 밑, 빛이 없는 동굴 속에서 주로 발견된다. 몸이 연약해서 습한 환경을 좋아하며, 바퀴처럼 동작이 빨라 다른 곤충을 잡아먹는다. 애벌레 시기가 몇 년이나 될 정도로 길고, 어른벌레는 수명이 상대적으로 짧다.

ㅇ어린 애벌레(위)
ㅇ반쯤 자란 애벌레(아래)

심복귀뚜라미붙이

몸빛은 연한 황색을 띠고, 날개가 없다. 어른벌레가 되면 진한 노란색을 띤다. 동굴이나 숲의 낙엽 층같이 어둡고 습한 곳에 숨어 살며, 재빠른 동작으로 다른 곤충을 잡아먹거나 죽은 동물을 청소한다.

귀뚜라미붙이과

크기 22~35mm
사는 곳 동굴, 숲의 바닥
나타나는 때 1년 내내
겨울잠 애벌레, 어른벌레

바퀴 무리

불 꺼진 밤에 기어 나오는 바퀴는 사람들이 매우 싫어하는 곤충 가운데 하나다. 그러나 바퀴는 대부분 사람과 큰 상관 없이 자유로운 생활을 한다. 사람이 사는 집에 들어오는 바퀴는 몇 종류 되지 않지만, 거의 전세계에 퍼져 있어 해충으로 유명하다. 바퀴의 몸은 구석에 숨기 좋도록 아래위로 납작한 모양이다. 날개는 전혀 없는 것도 있고, 몸의 절반 길이로 짧은 것, 길어서 잘 나는 것까지 다양하다. 여러 가지 물질을 먹는 잡식성이지만, 썩은 나무 속만 파 먹는 종류도 있다. 암컷은 모양이 독특한 알집을 만들어 배 끝에 붙이고 보호하며, 애벌레를 낳는 종류도 있다. 지방에 따라 '강구', '돈벌레'라고도 부른다.

어른벌레(위)
어린 애벌레는 황백색을 띤다.(아래)

갑옷바퀴

짙은 흑갈색 몸이 매끄럽고 윤이 난다. 날개가 없고 다리는 매우 짧은 편이며, 앞가슴등판에 'T 자형'으로 파인 홈이 있다. 애벌레와 어른벌레가 썩은 나무를 파먹으며 집단 생활을 하는 점이 흰개미와 비슷하다.

갑옷바퀴과

크기 17~20mm
사는 곳 높은 산의 썩은 나무 속
나타나는 때 1년 내내
겨울잠 애벌레, 어른벌레

어른벌레(위)
애벌레는 날개가 없으며, 진한 갈색이다.(왼쪽)
알집(오른쪽)

왕바퀴과

크기 날개 끝까지 32~43mm
사는 곳 전세계 사람의 집
나타나는 때 1년 내내
겨울잠 애벌레, 어른벌레

이질바퀴

이질 병균을 옮긴다고 이질바퀴다. 밝은 갈색 몸이 크고 넓적하며, 담황색 앞가슴등판 양쪽에 짙은 무늬가 있다. 불빛에 잘 날아다녀서 사람을 깜짝깜짝 놀라게 한다. 암컷은 평생 알집을 12~24개 만들며, 각 알집에는 알이 14개 이상 들었다. '미국바퀴'라고도 부른다.

○ 날개가 긴 수컷(위)
○ 날개가 짧은 암컷, 알집을 달고 있다.(아래)

집바퀴

몸은 짙은 흑갈색이다. 수컷은 날개가 길어 배 끝이 넘지만, 암컷은 날개가 절반 길이로 짧아 애벌레처럼 보인다. 먹바퀴와 비슷하지만 크기가 약간 작고, 앞가슴등판 양쪽으로 움푹 파인 곳이 있다.

왕바퀴과

크기 날개 끝까지 20~30mm
사는 곳 썩은 나무, 집
나타나는 때 8~10월
겨울잠 애벌레

○ 어른벌레(위)
○ 애벌레(아래)

왕바퀴과

크기 날개 끝까지 32~37mm
사는 곳 썩은 나무, 집
나타나는 때 8~10월
겨울잠 애벌레

먹바퀴

몸은 광택이 나는 적갈색이다. 날개가 길어 잘 날아다니며, 수컷은 암컷보다 날개가 좁고 날씬하다. 집바퀴에 비해 크고 넓적하며, 앞가슴등판은 파인 곳 없이 매끈하다. 밤에 썩은 나무와 수액에 잘 모인다.

- 수컷과 암컷이 반대 방향을 보고 짝짓기 한다.(위)
- 애벌레(왼쪽)
- 금방 허물을 벗으면 하얗다.(오른쪽)

산바퀴

밝은 황갈색 몸이 작다. 집바퀴와 매우 비슷하지만, 앞가슴등판 양쪽에 있는 고리 무늬가 진하다. 숲에 살며, 집에 들어오지 않는다.

바퀴과

크기 날개 끝까지 12~17mm
사는 곳 숲 바닥
나타나는 때 6~8월
겨울잠 애벌레

어른벌레(위)
애벌레(왼쪽)
알집(오른쪽)

바퀴과

크기 날개 끝까지 7~11mm
사는 곳 남부 지방의 들판
나타나는 때 6~8월
겨울잠 애벌레

유리날개바퀴

몸은 투명하고 빛이 나는 황갈색이다. 앞가슴등판과 앞날개는 거의 투명하고, 배마디 아랫면 양쪽 가장자리가 검다.

어른벌레

경도바퀴

몸은 어두운 갈색이며, 앞가슴등판 가장자리와 앞가두리는 약간 연한 색이다. 평행한 날개맥이 발달했다. 썩은 나무 주변에 살며, 동물원이나 사람의 집에서도 드물게 발견된다.

바퀴과

크기 날개 끝까지 15~18mm
사는 곳 썩은 나무, 집
나타나는 때 6~8월
겨울잠 애벌레

흰개미 무리

몸이 하얀 개미라는 이름이지만, 완전탈바꿈 하는 개미와 전혀 다른 곤충이다. 개미는 허리가 잘록한 벌 무리지만, 흰개미는 원시적인 사회성 바퀴와 가까워 바퀴 무리에 포함된다. 많은 수가 모여 사회 생활을 한다는 점이 개미와 비슷한데, 흰개미 사회도 일개미, 병정개미, 생식개미, 여왕개미 등으로 계급이 있다.

일흰개미는 가장 수가 많고, 둥근 머리에 턱이 짧은 편이다. 병정흰개미는 머리가 크고, 큰턱이 발달해 적에게서 집단을 보호한다. 번식기에 나타나는 생식흰개미는 날개가 있어 날아다닌다. 집단의 우두머리인 여왕흰개미는 배가 발달해 평생 많은 알을 낳는다. 나무를 먹는 흰개미의 장에는 목질의 분해를 돕는 원생동물이 공생한다.

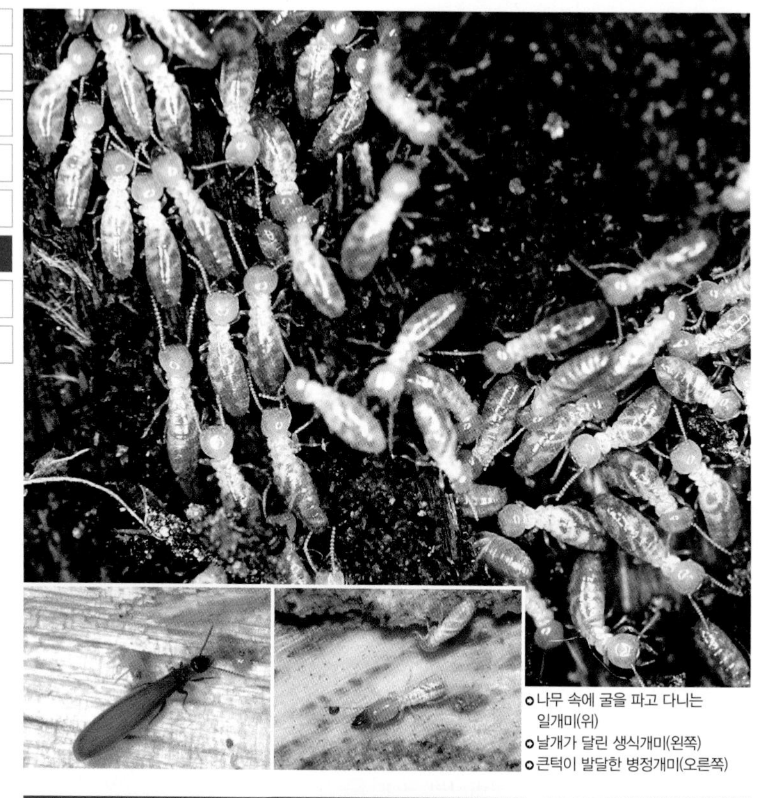

ㅇ나무 속에 굴을 파고 다니는 일개미(위)
ㅇ날개가 달린 생식개미(왼쪽)
ㅇ큰턱이 발달한 병정개미(오른쪽)

흰개미

일개미는 몸이 연한 흰색이다. 병정개미는 황갈색 머리가 크고 원통형이며, 큰턱이 발달했다. 썩은 나무 속에서 집단으로 발견되며, 애벌레와 어른벌레가 어울려 사회 생활을 한다. 썩은 나무를 분해해 자연으로 빨리 돌려 보낸다.

흰개미과

크기 4~6mm
사는 곳 썩은 나무 속
나타나는 때 1년 내내
겨울잠 애벌레, 어른벌레

대벌레 무리

대벌레는 메뚜기와 가까운 불완전탈바꿈 곤충으로, 완전탈바꿈을 하는 나비 무리 자나방의 애벌레(자벌레)와 다르다. 몸은 길고 나뭇가지를 닮았다. 날개가 없거나, 짧게 발달해 나는 종류도 있다. 위험이 닥치면 곧잘 다리를 끊고 도망가며, 허물을 벗을 때 조금씩 재생한다.

많은 종이 짝짓기 하지 않고 암컷 혼자 알을 낳아 번식하지만, 드물게 수컷이 나와 짝짓기 하는 경우도 있다. 알은 식물의 씨앗을 닮았으며, 낱개로 땅에 드문드문 낳는다. 대개 먹이 식물인 나무 위에서 생활하며 초식성이다. 낮에는 나뭇가지를 흉내낸 채 거의 움직이지 않고, 밤에 먹이를 갉아 먹거나 돌아다닌다.

◦ 암컷(위)
◦ 알(아래)

대벌레

녹색형과 갈색형이 있다. 더듬이가 매우 짧고, 날개는 없다. 머리에 돌기 한 쌍이 있다. 주로 밤에 여러 가지 넓은잎나무의 잎을 갉아 먹는다. 최근 많이 발생하는 경향이 있으며, 드물게 수컷이 나타난다.

대벌레과

크기 80~100mm
사는 곳 숲
나타나는 때 8~10월
겨울잠 알

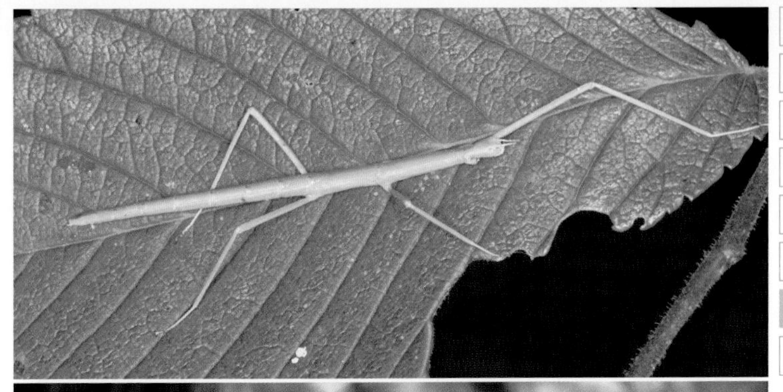

암컷(위)
어린 애벌레(아래)

대벌레과

크기 80~100mm
사는 곳 중북부 지방의 숲
나타나는 때 7~9월
겨울잠 알

우리대벌레

대벌레와 비슷하지만, 중북부 지방의 숲에 분포한다. 머리와 앞다리에 돌기가 없이 매끈하며, 알 모양도 대벌레와 다르다. 느티나무와 병꽃나무를 먹는다.

- 수컷(위)
- 암컷(아래)

긴수염대벌레

몸은 녹색, 갈색 혹은 적색이 섞인 것도 있다. 대벌레와 비슷하지만, 더듬이가 몸 길이만큼 길다. 나무딸기 같은 낮은 관목에서 자주 발견되며, 여러 가지 넓은잎나무의 잎을 갉아 먹는다.

긴수염대벌레과

크기 70~95mm
사는 곳 숲
나타나는 때 8~10월
겨울잠 알

○ 암컷(위)
○ 똥 속에 섞여 있는 알(왼쪽)
○ 얼굴(오른쪽)

날개대벌레과

크기 42~54mm
사는 곳 중부 지방의 숲
나타나는 때 8~10월
겨울잠 알

날개대벌레

몸은 녹색이고, 가늘고 긴 더듬이는 흑갈색이다. 앞날개는 짧고, 뒷날개를 펼치면 선명한 분홍색이다. 아직 수컷이 발견되지 않았다. 밤나무, 상수리나무 등의 잎을 갉아 먹는다.

- 암컷(위)
- 어린 애벌레(왼쪽)
- 똥 속에 섞여 있는 알(오른쪽)

분홍날개대벌레

몸은 녹색이고, 뒷날개는 선명한 분홍색이다. 날개대벌레에 비해 남부 지방에 분포하며, 알 모양이 다르다. 드물게 수컷이 나타난다. 밤나무, 참나무 등의 잎을 갉아 먹는다.

날개대벌레과

크기 42~54mm
사는 곳 남부 지방의 숲
나타나는 때 8~10월
겨울잠 알

집게벌레 무리

집게벌레는 이름처럼 배 끝에 꼬리털이 변형된 집게가 있는 것이 가장 큰 특징이다. 몸은 나무껍질 속이나 돌 밑에 파고들어 숨기 좋도록 길고 납작한 원통형이다. 앞날개는 없거나 짧다. 뒷날개는 큰 반원형으로 잘 날지만, 평소에는 앞날개 밑에 차곡차곡 접혀 있다.

동식물을 모두 먹는 잡식성이며, 때로는 살아 있는 벌레를 사냥하거나 사체를 청소하기도 한다. 낮에는 숨어 있다가 주로 밤에 나와 활동한다. 집게는 수컷끼리 싸우거나 적을 위협할 때, 먹이를 잡을 때 사용한다. 수컷과 암컷은 사슴벌레처럼 집게 모양이 전혀 다르다. 많은 종류가 알을 낳고, 애벌레가 태어날 때까지 정성껏 돌본다.

○ 수컷(위)
○ 암컷(아래)

긴가슴집게벌레

몸은 짙은 갈색이다. 가슴이 길고, 다리에는 흐릿한 얼룩무늬가 있다. 배 끝에 둥근 돌기가 네 개 있다. 수컷은 집게 끝이 굵고 활 모양으로 휘었으며, 암컷은 곧다. 밤에 작은 벌레를 잡아먹는다.

긴가슴집게벌레과

크기 집게 끝까지 17~20mm
사는 곳 나무껍질 속, 돌 밑
나타나는 때 5~9월
겨울잠 애벌레

○수컷

긴가슴집게벌레과

크기 집게 끝까지 23~25mm
사는 곳 나무껍질 속, 돌 밑
나타나는 때 7~9월
겨울잠 애벌레

큰긴가슴집게벌레

긴가슴집게벌레와 닮았으며, 더 크다. 수컷은 집게가 더 크고 많이 휘었다. 아생식판은 뒤가두리가 절단형이다. 암컷은 아직 발견되지 않았다.

수컷(위)
암컷(아래)

큰집게벌레

몸은 적갈색이다. 앞날개에 검은 세로줄 무늬가 있고, 집게와 다리는 밝은 황색이다. 수컷은 집게가 크게 벌어지고 중간에 굵은 돌기가 하나 있으며, 암컷은 작은 돌기가 여러 개 있다. 육식성이 강하다.

큰집게벌레과

크기 집게 끝까지 25~32mm
사는 곳 바닷가, 강변의 모래땅
나타나는 때 1년 내내
겨울잠 어른벌레

○수컷(위)
○암컷(아래)

민집게벌레과

크기 집게 끝까지 20~28mm
사는 곳 바닷가, 집
나타나는 때 1년 내내
겨울잠 어른벌레

민집게벌레

검은색 몸에 광택이 있고, 날개가 없다. 다리와 더듬이에도 별다른 무늬가 없다. 수컷은 집게가 비대칭적으로 휜다. 바닷가 조개 껍데기나 쓰레기 밑에 숨어 살며, 썩은 동식물을 먹는다.

- 암컷(위)
- 반쯤 자란 애벌레(아래)

해변집게벌레

민집게벌레와 비슷하지만, 더 크고 집게도 더 길다. 머리와 가슴이 붉은빛을 띤다. 항구나 암석으로 된 바닷가에 살며, 밤에 나와서 죽은 동물을 먹는다.

민집게벌레과

크기 집게 끝까지 30~36mm
사는 곳 바닷가 암석, 방파제
나타나는 때 8~10월
겨울잠 애벌레

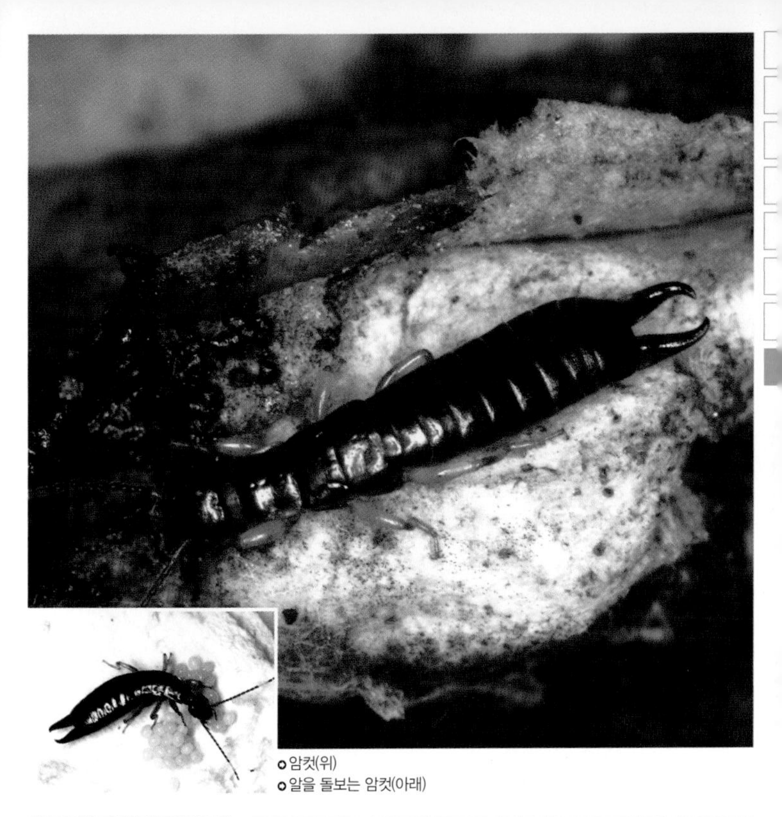

암컷(위)
알을 돌보는 암컷(아래)

민집게벌레과

크기 집게 끝까지 11~15mm
사는 곳 야산, 하천 변, 집
나타나는 때 1년 내내
겨울잠 어른벌레

노랑다리집게벌레

몸이 작고 광택이 나는 흑색이다. 더듬이 끝 부분이 흰색이며, 다리는 노란색으로 띠 무늬가 없다. 퇴화한 작은 앞날개 흔적이 있으며, 뒷가슴 뒤가두리는 오목하다. 수컷은 집게가 비대칭으로 휘지만, 암컷은 대칭이다.

ㅇ나무껍질 속에서 겨울을 나는 수컷(위)
ㅇ암컷(아래)

끝마디통통집게벌레

몸은 광택이 나는 흑색이고, 날개가 없다. 더듬이 끝이 흰색이며, 다리에 검은색 띠 무늬가 있다. 수컷은 집게가 비대칭으로 휘지만, 암컷은 대칭이다. 암컷은 애벌레 때 배마디가 열 개지만, 어른벌레 때 여덟 개가 되고 통통해진다.

민집게벌레과

크기 집게 끝까지 18~26mm
사는 곳 야산, 하천 변, 집
나타나는 때 1년 내내
겨울잠 애벌레, 어른벌레

수컷(위)
암컷(아래)

민집게벌레과

크기 집게 끝까지 15mm
사는 곳 야산, 썩은 나무, 집
나타나는 때 1년 내내
겨울잠 애벌레, 어른벌레

애흰수염집게벌레

몸은 흑갈색이고, 날개가 없다. 더듬이 끝 부분은 흰색을 띠며, 넓적다리마디 중간과 종아리마디 기부(종아리마디가 넓적다리마디에 붙어 있는 부분)에 짙은 고리 무늬가 있다. 수컷은 집게가 비대칭으로 휘지만, 암컷은 대칭으로 곧은 편이다.

○암컷

풀집게벌레

몸은 밝은 적갈색이며, 다리는 밝은 노란색이다. 딱지날개는 노란빛이고 맞닿는 부분은 검다. 집게는 곧게 쭉 뻗는다. 수컷은 집게 안쪽에 굵은 돌기가 두 쌍 있고, 암컷은 집게가 톱니 같다. 축축한 물가 주변에서 생활하며, 불빛에 잘 날아온다.

열대집게벌레과

크기 집게 끝까지 14~16mm
사는 곳 남부 지방의 논, 하천 변
나타나는 때 7~9월
겨울잠 애벌레

○암컷

꼬마집게벌레과

크기 집게 끝까지 6~9mm
사는 곳 경기도의 야산
나타나는 때 6~9월
겨울잠 애벌레

멋쟁이꼬마집게벌레

몸은 검은색이고, 딱지날개와 뒷날개에 노란 점 무늬 두 쌍이 뚜렷하다. 수컷은 집게가 가늘고 길며, 암컷은 두껍고 짧다. 썩은 나무 속에서 드물게 발견된다.

○ 수컷(위)
○ 암컷(아래)

못뽑이집게벌레

수컷은 집게가 못을 뽑을 때 쓰는 장도리 날처럼 크게 발달했지만, 암컷은 평범하다. 몸은 적갈색이고, 앞날개는 있지만 뒷날개가 없다. 주로 산지의 나무껍질 사이에 숨어 있다가 밤에 활동한다.

집게벌레과

크기 집게 끝까지 21~36mm
사는 곳 숲, 공원
나타나는 때 6~9월
겨울잠 애벌레

○ 수컷(위)
○ 암컷(아래)

집게벌레과

크기 집게 끝까지 14~18mm
사는 곳 들판, 숲
나타나는 때 1년 내내
겨울잠 어른벌레

좀집게벌레

몸은 밝은 갈색이며, 뒷날개가 나온 부분이 노란빛을 띤다. 수컷은 집게 안쪽에 작은 돌기가 있다. 암컷은 집게가 곧고 끝 부분이 약간 휘었으며, 돌 밑에 방을 만들고 알을 돌본다.

수컷(위)
암컷(아래)

고마로브집게벌레

흑갈색 몸에 앞날개는 적갈색이다. 집게는 가늘고 매우 길다. 낮에 식물의 잎이나 꽃 속에서 쉽게 볼 수 있고, 손으로 잡으면 시큼한 냄새를 풍긴다. 암컷은 나뭇잎 사이에 방을 만들고, 그 속에서 알을 돌본다.

집게벌레과

크기 집게 끝까지 18~30mm
사는 곳 들판, 숲
나타나는 때 1년 내내
겨울잠 어른벌레

찾아보기

다

라

마

바

사

아

자

차

카

타

파

하